哈尔滨历史文化丛书
丛书主编：李述笑　阿　成

百年味道

哈尔滨饮食文化寻踪

宋兴文　朱桂凤◎编

黑龙江大学出版社

图书在版编目（CIP）数据

百年味道 ： 哈尔滨饮食文化寻踪 / 宋兴文， 朱桂凤编. -- 哈尔滨 ： 黑龙江大学出版社， 2025. 6. --（哈尔滨历史文化丛书 / 李述笑，阿成主编）. -- ISBN 978-7-5686-1244-9

Ⅰ. TS971.202.351

中国国家版本馆 CIP 数据核字第 2025KL5954 号

百年味道

哈尔滨饮食文化寻踪

BAINIAN WEIDAO HAERBIN YINSHI WENHUA XUNZONG

宋兴文　朱桂凤　编

责任编辑　陈连生　戴谨宇
出版发行　黑龙江大学出版社
地　　址　哈尔滨市南岗区学府三道街 36 号
印　　刷　哈尔滨市石桥印务有限公司
开　　本　720 毫米 ×1000 毫米　1/16
印　　张　14.5
字　　数　229 千
版　　次　2025 年 6 月第 1 版
印　　次　2025 年 6 月第 1 次印刷
书　　号　ISBN 978-7-5686-1244-9
定　　价　55.80 元

关于哈尔滨

关于哈尔滨，没去过的人会有某些听闻和想象；去过的人会留下某些愉快的乃至深刻的记忆；如我这样早年间离开了哈尔滨，久居外省市的人，对哈尔滨的认知已非常局限；而老一辈哈尔滨人和哈尔滨的新生代，对自己家乡的认知，差别又必然很大。

作为土生土长的哈尔滨人，我对这座城市充满感情。从塞外村镇到国际都市、从“共和国长子”到新晋顶流，哈尔滨饱经风雨、英雄辈出，历史悠久、文化多元，物华天宝、人杰地灵。濒江而生、依路而兴的人文风貌，多元交融、凸显智慧的建筑格调，美轮美奂、多姿多彩的冰雪文化，雅俗共赏、魅力非凡的音乐元素，中外荟萃、特色独具的风味美食……凡此种种让这座历史虽然不长，但却极具荣光与力量的国家历史文化名城频频火爆出圈。

有谁想较全面地了解哈尔滨这座众说纷纭的城市吗？

这样的人肯定是有的。

也许，还不少吧？

那么，哈尔滨历史文化丛书对于以上群体应该是具有吸引力的。

丛书目前共七册——《风雨华章——国家历史文化名城哈尔滨》《城市符号——哈尔滨历史城区的人文风情》《流派纷呈——哈尔滨建筑风格纵览》《华彩乐章——音乐之城哈尔滨》《冰情雪韵——哈尔滨冰雪文化》《艺彩风华——文艺名人在哈尔滨》《百年味道——哈尔滨饮食文化寻踪》。

七册书图文并茂，收印了许多珍藏的历史照片，可以说是关于哈尔滨的较全面的小百科书，既能满足了解愿望，又具有欣赏价值、收藏价值。

作为哈尔滨人，我甚为这一套丛书的出版而高兴。遵命作序，倍觉荣幸。

梁晓声

2025 年 6 月 8 日　北京

写在前面

众所周知，历史的丰富性不单是在于文献的表达，而且那些源自于民间的传说、传闻，甚至个人亲历的表述，也是对历史文献的一种有益的补充，在某种程度上，亦可视为对历史文献中的某些含混之处的勘正。对这种多元史料的多义性、丰富性、矛盾性的判断、研究、择取，不仅是作者要面临的难题，更是挑战。再加上历史资料占有的局限，虽然每一位作者都在追求表达的完美、完整，百分之百做到还原一座城市历史的全貌，没有遗珠之憾，可这毕竟是今人和后人永远不可能实现的梦想。毕竟汹涌澎湃的历史长河，带走了许多我们尚不掌握的、珍贵的史料。在这样的情势之下，难免挂一漏万。因此，在这里恭恭敬敬，请方家补正之。

▲ 1898 年哈尔滨附近的松花江渡口

▲ 清末，田家烧锅镇

▼ 清末，中国人开办的大车店

前言

哈尔滨这座城市与生俱来就与美食结缘。

“哈尔滨”之名，源自满语中的“晒网场”，这一名称背后承载着一段百余年前的历史记忆。那时的松花江右岸，尚是一片未经开垦的荒芜之地，鲜有人烟定居，唯有零星的渔民偶尔靠岸，将此地作为晾晒渔网的小憩之所。而今，那些昔日作为皇家贡品的名贵鱼类，如“鳇白三花五罗”，早已成为哈尔滨美食文化的重要组成部分，吸引着无数食客前来探访。

沿松花江畔前行，大约十余公里外，便能嗅到田家烧锅浓郁的酒香。昔日的村落里，二百余户人家聚居一处，酒香四溢，仿佛在诉说着一段关于酒与生活的动人故事。

时光回溯至 1890 年，傅氏兄弟在道外头道街开设了“傅家店”（1908 年起称“傅家甸”），这里成为往来旅人的休憩之所。简单的饮食，却充满了人间烟火的气息。

追溯哈尔滨的历史，我们会发现最早可考的三个地名都与食物息息相关。这不禁让人感叹，“民以食为天”，有人之处必有饮食。随着人口的聚集，食肆酒家应运而生，为这座城市增添了更多的文化韵味。

1898 年，俄国人顺江而至，修筑铁路，为哈尔滨的饮食文化注入了新的元素。西方饮食文化在这里与东方风味相互交融，哈尔滨逐渐成为饮食重镇。千里之外的京津大菜，万里之遥的西洋大菜，亦在东陲之地散叶开花，共同演绎着哈尔滨美食文化的多彩篇章。

如今，漫步在哈尔滨的街头巷尾，仿佛置身于一场美食的盛宴。无论是传统地道的哈埠菜，还是来自远方的异域美食，都能在这里找到它们的身影。每一道佳肴都承载着一段历史与故事，等待着我们去细细品味、深入探寻。

哈尔滨，这座与美食结缘的城市，正以它独特的魅力，吸引着越来越多的游客前来体验这场美食之旅，感受这座城市独有的韵味与风情。

目录

哈埠菜的黄金食代

“老字号”的时代记忆

地方风味改进创新

本土食味缘起

中国人讲究食俗，正所谓“一方水土养一方人”。若想深入了解某个地域或城市的饮食特色，探寻其人文历史与人群迁徙的轨迹，无疑是最佳途径。那么，在哈尔滨这片充满魅力的土地上，其饮食文化的根源究竟源自何方？

回望 1898 年之前，哈尔滨还只是一片偏远而宁静的村落。如今的城市核心区，如南岗区，在当时仅有一户人家，真是食陋简，俗未成。然而，随着 1898 年中俄合办中东铁路的启动，哈尔滨被选定为总枢纽，人流、物流、资金流纷纷汇聚于这个“丁”字形大动脉的交汇点。

在这片热土上，来自关内的山东、河北人，以及更远的浙江、江苏、江西、福建、广东等地的民众，成为“闯关东”的主力军。他们带着各自的饮食习俗，会聚于哈尔滨。因此，以山东、河北为代表的北方风味，以及江浙、广东为代表的南方风味，共同构成了哈尔滨历史上中餐的丰富底蕴与独特风味。

与此同时，俄罗斯人也带来了他们的食风食俗。俄式大菜、俄式小吃、高加索风味，还有啤酒、格瓦斯、面包、香肠、糖果等欧式食品，迅速融入哈尔滨人的生活。俄餐占据了哈尔滨西餐的“半壁江山”。

1905 年日俄战争结束后，各国纷纷在哈尔滨设立领事馆，这使得西餐在哈尔滨更加多元化。除了俄餐外，法餐、意大利餐、希腊菜、英美菜等也在哈尔滨占有一席之地。

此外，哈尔滨历史上还是日、朝料理在中国的重要聚集地。早在 1900 年前后，日本人就已经在哈尔滨开设日料店。而来自俄罗斯远东地区和日据朝鲜半岛的朝鲜人，也将饮食业作为谋生的重要手段之一。

“俄国街”“高加索街”“日本街”“高丽街”这些哈尔滨的老街名，不仅见证了不同国家、不同种族侨民的聚居生活，也反映了他们的饮食文化在这座新兴城市中逐渐建立起自己的影响力。

半个多世纪以来，哈尔滨始终保持着中西兼备、多元并包的饮食特点。多元，是解读哈尔滨这座城市不可或缺的关键词。多元的种族带来了多元的文化，而开放、包容的城市特质，则成就了哈尔滨“东方莫斯科”“东方小巴黎”的美誉。哈尔滨的饮食传统与文化，是这座城市多元文化中不可或缺的重要组成部分。在品尝这些美食时，我们依然能够真切地感受到那段鲜活的历史气息。

“一园一铺”牵出中餐源起

在 1898 年之前，哈尔滨只是作为地理名称存在，如今的三大历史城区——“道外”“道里”“南岗”还没形成。“田家烧锅”所在的香坊，还是阿勒楚喀副都统管辖。当时的哈尔滨只有垦荒、摆渡、打鱼之人，处在“有食无业”的状态。

1898 年，中东铁路开始修筑，这不仅是哈尔滨作为现代城市兴起的开端，也是哈尔滨百业兴起的开端，饮食业兴起的开端。

▼ 19 世纪 90 年代末，风餐露宿的筑路工人

▲ 1902 年前后，在香坊吃饭的工人。照片被收录在《中东铁路大画册》中

▲ 20 世纪初，傅家店大车店

▲ 1905 年的傅家店大街

▲20 世纪初，傅家店街市，远处有高挑幌子的饭馆

傅家店为最早中国人聚居之地，本土饮食业也在此萌生。

“一园一铺”是哈尔滨历史上第一批中餐饭店，也是目前发现最早的两家中餐饭店，代表着哈尔滨本土饮食业的发端。

在 1900 年之前，一家名为“福德园”的饭店出现在傅家店南四道街（现今的道外区南三道街）。据考证，这是哈尔滨目前可追溯的最早的中餐饭店，其记载可见于相关史料之中。

福德园的开业时间可确定不晚于 1900 年，由店主杨华臣经营。20 世纪第二个十年初，福德园已经是知名大饭店。当时，道外的官商宴客议事，常选在福德园。例如，1911 年 9 月 11 日，《远东报》记载了一次公务宴请活动：时任滨江厅同知的章鲁泉邀请了滨江商务会的高辑五，在福德园举行了聚会。

福德园也是道外南三道街上最早的商号之一。1917 年，著名浴池“久江泉”在《远东报》刊登广告，地址也以福德园作为参照：“中三道街福德园饭庄南间壁自筑西式三层楼房。”

1920 年，福德园再次出现在哈尔滨著名戏园“同乐舞台”的广告单上，此次内容颇为翔实。福德园在广告上强调了其悠久的历史背景：“本园自前清光绪年间在四道街开设以来，廿有余年。”

福德园的新店址坐落于道外十五道街口的一座红砖楼内，对面即是滨江县公署。店内装修“彩画一新”，厨师团队更是特别从北京、天津聘请而来，南北酒席菜品应有尽有，京津地区流行的挂炉烤鸭、烤猪等名菜也一应俱全。此外，还备有“各样点心”及“随意便饭”，以满足不同顾客的需求。

1902 年，来自天津北塘镇的张仁在道外北二道街通往北头道街的小胡同里开设了一家包子铺，取名为“张包铺”。这是哈尔滨有据可查的第一家包子铺，标志着京津风味成为哈尔滨最早的中餐风味之一。

1902 年的道外仍然保持着中国传统村屯式的风格。最初的张包铺位于一间小平房内，以茅草为顶，青砖铺地，专营天津风味的包子。

张仁可能不会想到，他在哈尔滨为了生计而开设的小小包子铺，竟会产生深远的影响，成为哈尔滨饮食业中一个历经百年的老字号。

张包铺以天津包子闻名，尽管未曾借用“狗不理”之名，却深得天津

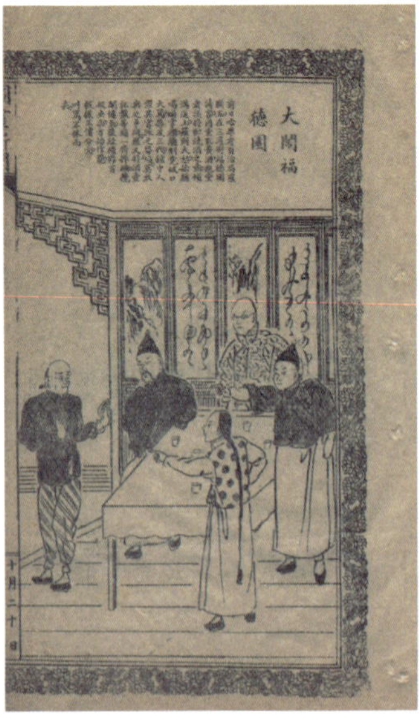

▲ 1910 年 10 月 20 日上海《时事报·图画新闻》刊载福德园新闻

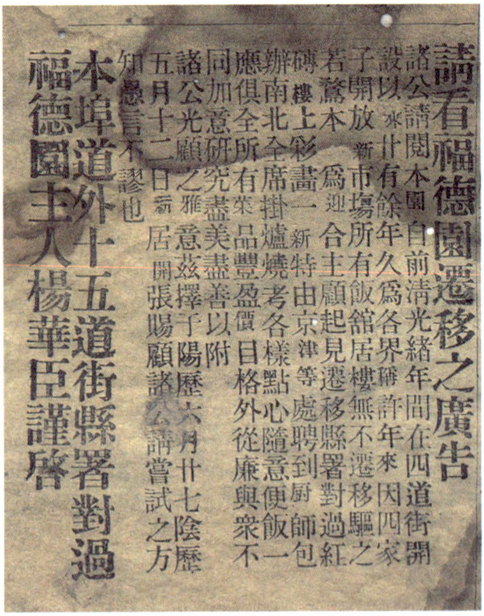

請看福德園遷移之廣告

諸公請閱本園自前清光緒年間在四道街開設以來廿有餘年久爲各界稱許年來因四家子開放新市場所有飯館居樓無不遷移驅之若鶩本爲迎合主顧起見遷移縣署對過紅磚樓上彩畫一新特由京津等處聘到廚師包辦南北全席掛爐燒考各樣點心隨意便飯一應俱全所有菜品豐盈價目格外從廉與衆不同加意研究盡美盡善以附諸公光顧之雅意茲擇于陽歷六月廿七陰歷五月十二日新居開張賜顧諸公請嘗試之方知愚言不謬也

本埠道外十五道街縣署對過

福德園主人楊華臣謹啓

▲ 福德园广告

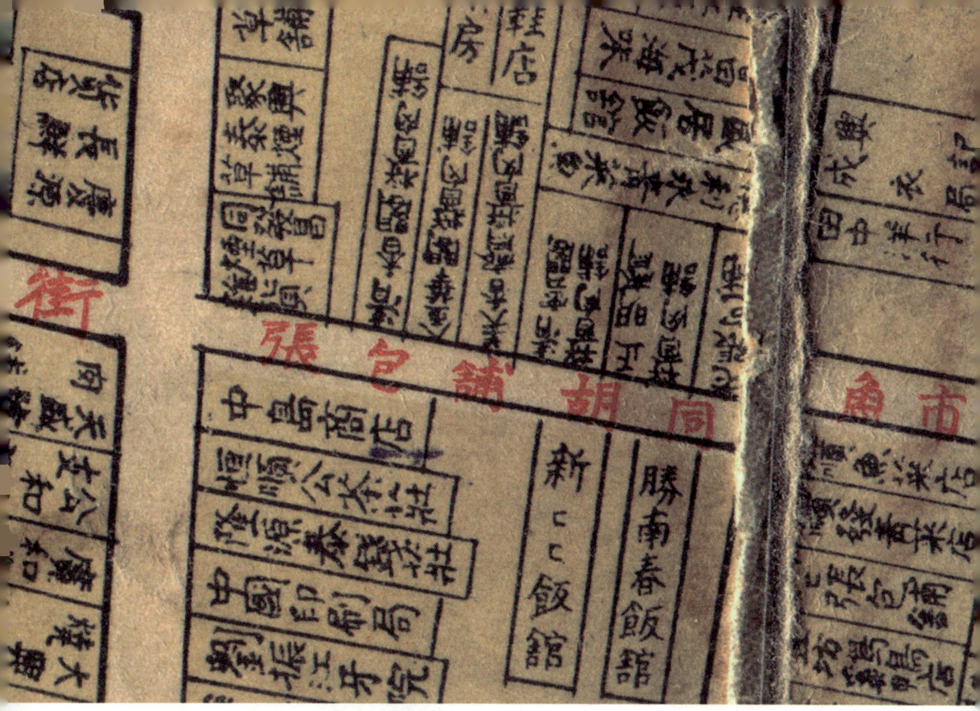

▲ 1933 年张包铺胡同饭店云集

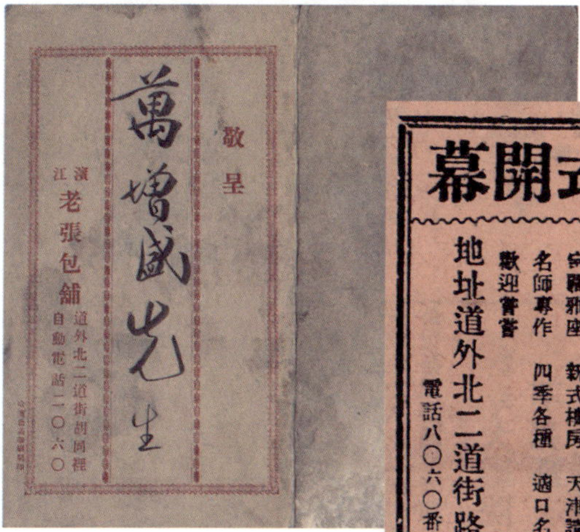

老张包铺请柬

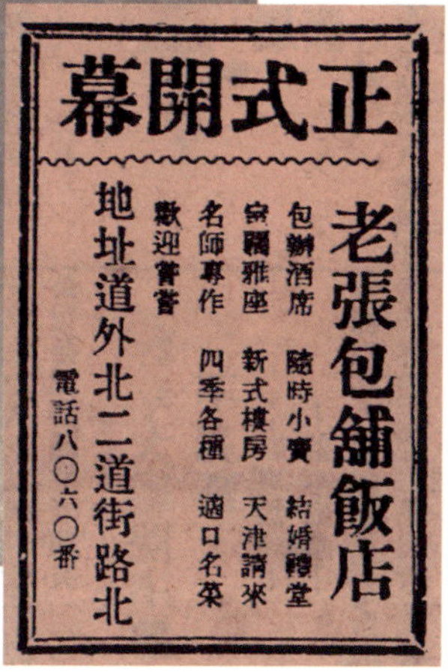

1942 年《滨江日报》刊载老张包铺重新开业的广告

包子的精髓。这正是其能够长盛不衰的关键所在。当时，张包铺的包子馅是看家的秘制技艺，轻易不外传。直至新中国成立后，馅料的配方才得以公开。据史料记载，张包铺的包子制作工艺极为讲究：精选新鲜肥猪肉，用刀细细剁成馅料。配料包括香油、大葱、生姜、花椒面、味精、猪骨汤，酱油则选用日商加藤酱油厂酿造的“德”字牌酱油。制作过程中使用盐水而非直接放盐，盐水化开后，还需打入两个鸡蛋清，沉淀杂质，以确保盐

▲ 1946 年的老张包铺

水的纯净。包子馅需充分搅拌，使之黏合成一体，既不渗汤也不漏水。包子皮采用半发面，经过充分揉和，碱的用量恰到好处，皮薄而均匀，底部与侧面薄厚一致。捏制时讲究 18 个褶，整齐美观。顾客食用时，包子均为现包现蒸，新出笼的包子挺实白净，一盘 5 个，不相互挤压堆叠。用筷子一夹，上口自然张开，热气腾腾，香味扑鼻，鲜美可口。

到了 20 世纪 20 年代，张包铺已经发展成为一家能够承办酒席的中型饭店，并在桃花巷和南十五道街开设了分店。

随着生意的日益兴隆，名声逐渐远播，“傍名牌”之风也随之而来。至 20 世纪二三十年代，哈尔滨涌现出多家以“张包铺”命名的店铺，如新张包铺、新新张包铺、蓬莱张包铺、北平张包铺等。为了区分，人们将张仁最早开办的张包铺称为“老张包铺”。而老张包铺所在的小胡同也因此得名“张包铺胡同”。

张包铺胡同位于道外正阳大街北侧，是头道街和二道街之间一条东西

▲ 1946 年的新新张包铺

走向的小胡同，长约百米，宽约五六米。张包铺兴起后，这里吸引了众多饮食店在此开办，先后有十数家之多，其中不乏名店，如新新张包铺、东海居黄酒馆、魁元阁、范记永饺子馆等。20 世纪 30 年代最盛时，胡同两侧同时有 10 家饮食店经营，张包铺胡同也因此成为名符其实的美食胡同。

1941 年，老张包铺所在的一侧房屋不幸遭遇火灾而被烧毁。之后，房东与众多商家共同集资，重建了一座二层楼房。

1942 年，老张包铺在胡同与北二道街交会的东北角重新开门迎客。迁入新楼的老张包铺与位于斜对面二楼的新新张包铺，成为这条胡同里规模最大的两家饭店。许多道外的居民都选择在这里举办婚宴，尤其是在周末，锣鼓声震耳欲聋，热闹非凡。红地毯从饭店一直延伸至街道上，即便下雨天也依然铺设如初。新郎新娘踏着红地毯，接受亲友们的祝福与美好祝愿。

20 世纪 50 年代初，老张包铺结束了长达半个世纪的营业，其旧址随后被改造为国营迎宾旅社。如今，虽然旧址已部分坍塌，但在那残破的墙壁上，“老张包铺”四个大字依然隐约可见。尽管老张包铺已不复存在，但张包铺胡同这一地名作为承载着老哈尔滨人美食记忆的地方，仍然保留至今。也因此，这里的美食故事得以继续被传颂与书写。20 世纪 80 年代，胡同里的国营范记永饺子馆曾红火一时。与此同时，个体饭店也开始在胡同里崭露头角。随着国营饭店的逐渐衰退，到了 2000 年之后，张包铺胡同已经汇聚了多家特色小馆，依稀重现了当年那热闹的景象。

1987 年，一家个体小饭店在胡同里悄然开业，毗邻的新新旅社曾是昔日新新张包铺的旧址。基于这一渊源，小饭店取名为“新新包子铺”。1996 年，在一位客人的建议下，该饭店更名为“张包铺”。“张包铺”这一名字就这样再次在拥有百年历史的胡同里响彻开来，只不过这一次，名字中已经没有“老”字。

◀
张包铺包子

■ 对外交涉催生“滨江官宴”

在20世纪的第一个十年，哈尔滨的本土饮食业还处在发轫之时，乏善可陈。1905年，傅家店主街的面貌还是一派村屯式样，大街两旁都是低矮简陋的平房，泥墙草盖居多，砖房十分罕见。当时的饮食店铺以伙房、小饭铺为多，中型饭店都很少，两个幌子的饭店在当时已属最大规模。1900年时就已经存在的“福德园”，初创时期只是家小饭店。1902年开业的“老张包铺”，当时也是隐没在这片低矮的民房之中。即便是“十楼一号”中最早开业的“恩成楼”，1910年才创立，不过是几人合伙开的小吃店。

此时，中国人聚居的傅家店正在酝酿着本土饮食的香味，而1905年的一道奏折，则为哈尔滨的饮食历史添上了浓墨重彩的一笔。

1905年，吉林将军达桂与黑龙江将军程德全共同上奏清廷，请求在哈尔滨增设滨江关道。这一请求得到了批准，哈尔滨也因此拥有了历史上第

▼ 1905年傅家店大街上的一家饭店

▲ 1899 年，中东铁路总工程师尤格维奇与中国官员在秦家岗吉林铁路交涉总局共进午餐

▲ 1912 年滨江关道正门

▲ 1909 年前后的吉林铁路交涉总局，历任道台主要在此办公居住，宴请中外宾客

一个由中央政府设立的行政机构。1906 年，首任道台杜学瀛正式就任滨江关道，并启用了“哈尔滨关道兼吉江交涉事宜关防”的印章。从此，哈尔滨有了属于自己的“官府菜”——“滨江官宴”。这也意味着哈埠菜正式

登上了历史的舞台。

“滨江官宴”的诞生源于外交需要，它开创了哈尔滨“华洋大菜，共置一席”的先河，在中国餐饮史上实属罕见。

哈尔滨设治前后，对外交涉始终被视为头等大事。

早在 1899 年，清政府就在秦家岗（现今的南岗区）成立了吉林铁路交涉总局。该机构成为中东铁路俄方人员与中国官员进行交涉的常设场所。中东铁路的总监工尤格维奇便是此局的常客，他不仅频繁到访，还常与中方官员共进午餐。

在杜学瀛出任滨江关道首任道台之前，他已在吉林铁路交涉总局担任会办职务长达两年多。

滨江关道的设立旨在专门处理与中东铁路公司的交涉事务，并负责监

▼ 1907 年杜学瀛与中东铁路管理局局长霍尔瓦特在道里吉林铁路交涉总局会晤

▲ 滨江关道第三任道员施肇基，苏州人，1908 年 5 月到任，1910 年 7 月 31 日卸任

▲ 郑兴文（1861—1938），满族正蓝旗人，出身茶商大家，1907 年来哈任滨江关道主厨，至 1920 年卸任，其间服务了十几任道台。他的六大弟子常荣、庄殿臣、赵连璧、孙岐山、张殿发、徐义权均为东北厨界著名厨师，影响深远

督征收关税。随着对外交涉事务日益频繁，宴饮需求的重要性也愈发凸显。然而，当时的哈尔滨尚未有高级中餐饭店问世。为此，滨江关道自行设立了厨房，配备了厨师，并筹备宴席，以招待中外宾客。

1908 年，施肇基接任滨江关道第三任道台之时，“滨江官宴”已颇具体系和特色。这一成就应归功于施肇基的重要幕僚毕光祖。他精心整理了几任道台宴请宾客的菜单，取其精华，编纂成《官品膳谱》并传世。

毕光祖（1864—1931），字枕梅，江苏太仓人，清末著名文人，著有《蒋亦谢家传》等。1904 年，施肇基从美国回国后，到武昌向湖广总督张之洞述职，被任命为总督衙门洋务文案，其间与张之洞幕僚毕光祖交好。1908 年，施肇基带毕光祖赴任滨江关道道台。《施肇基早年回忆录》中记载：“余决定赴任，偕毕光祖先生同往。”毕光祖在滨江关道担任施肇基的“参谋官”。1910 年下半年，施肇基奉调回京晋升为外务部右丞，他的几个重要随员也辞任离哈。同年 9 月 4 日，毕光祖离开哈尔滨前往北京赴任，新任道台于泗兴及黑龙江铁路交涉总局总办李鸿谟等人前往火车站为其送别。

毕光祖在滨江关道任职期间，闲暇之余翻阅了前历任道台宴请宾客所用的“厨品食谱”，这引起了他的浓厚兴趣。他认为这些菜单上的菜品种类繁多，各具特色，“各有千秋”。于是，他召集厨师前来，询问菜单上的

官品饍譜

畢光祖

余畢光祖閑暇翻閱歷
任道臺廚品食單彼感
興趣各位廚品食單各有
千穐余喚來容師指教
提筆謹記益於官宴待
客酌饍另益閑道長存
於此

白雪甜心
金裹冰心

兩品
鍋包肉
干炸肉段

二十六道菜可添可
點幾任道臺曾招待
俄日多國官僚友人

日式菜
青天紅日
生魚翻江
八卦菜

炒蝦餅

醋魚

糟露魚片

茭白炒蛋

南肉竹筍

乳肉

炒萱衣

道臺生長南方口味多江
浙菜有南方客師調報

秘製

水晶肘子

水晶羊肉

肉餅

爛汁羊肌

土荳燒牛肉

西紅柿炒蛋

爛　烙

燒牛肉

紅　湯

俄國官容來廚品報單

多採中西菜兼備

江浙菜

蚌肉荳腐

炒蟹粉

清湯魚圓

清蝦仁

八碟

醋溜排骨
紅溜豬肌
一爆黃花
絲肉黑耳
醬香龍泥
雪中浮雲
紅綠蝦仁
櫻桃丁肉

八碗

蒸白片肉
蒸肉丸子
蒸土雞塊

蒸粉絲菜
蒸肘子
蒸埜菜
蒸埜味
蒸豆腐泡

六鮮
青汁巴魚
鯉魚三品
鯉魚段
紅燜黃魚
青蒸白魚
紅燒三花

兩賁

水晶五香素腸
水晶全鷄
水晶豬肉
水晶活腿
水晶牛觔
水晶皮凍
水晶豬腳
水晶揙風
燻烤乳豬
燻烤羊排
燻烤羊腿
燻烤牛肌
燻烤全鷄
燻烤鴨鵝

日式火鍋

燒汁煎魚、

日式冷奴

姜汁燒肉

燒紅蝦

炸排

炸魚荳腐

卤海帶

日式菜甚少廚品難多

用中菜添補報單

俄式西湌

雪白蛋

牛肉鑽肉

豬排

菜品详情，并仔细记录下来。他期望这些菜品能够进一步提升官宴的待客水平，同时也希望滨江关道能因此而在历史上留下深刻印记。

毕光祖宦游经历颇为丰富，而当时的哈尔滨作为塞外之地，仍处于建设之中。然而，滨江关道的宴席菜肴却赢得他的青睐，足见其非同凡响。

经过毕光祖的精心润色，菜谱中的部分菜名变得更加优美隽永，充满了文化气息，为“滨江官宴”增添了“文人菜”的独特韵味。这使得“滨江官宴”在初创时期便具有了深厚的文化内涵。

《官品膳谱》为手卷形式，原件长度为 3.7 米，宽度为 23 厘米。卷首处署有毕光祖的姓名，并加盖有“哈尔滨关道兼吉江交涉事宜关防”的印鉴。该菜谱内容丰富，涵盖了中、日、俄等菜系，并特别收录了秘制菜品，共计记录了 75 种不同的菜肴。以下按《官品膳谱》所列菜品顺序，依次对各菜式进行介绍。

在中餐部分，主菜共有 26 道，这些菜肴被精心分为八碟、八碗、六鲜、两赏以及两品，且绝大多数为北方特色菜品。

八碟：醋溜猪排、红溜猪肌、一爆黄花、丝肉黑耳、酱香龙泥、雪中浮云、红绿虾仁、樱桃丁肉。

八碗：蒸白片肉、蒸肉丸子、蒸土鸡块、蒸粉丝菜、蒸肘子、蒸野菜、蒸野味、蒸豆腐泡。

六鲜：青汁巴鱼、鲤鱼三品、鲤鱼段、红焖黄鱼、清蒸白鱼、红烧三花。

两赏：白雪甜心、金裹冰心。

两品：锅包肉、干炸肉段。

这些菜品中，“八碟八碗”均遵循了当时传统宴席的规格与样式。“八碟”指的是熘炒菜，其中包括了黄花菜、黑木耳等具有代表性的东北食材。

“八碗”为蒸菜，从其选材看，是京鲁风格。清末民初，“碗菜”也流行于市井饭馆内。

“六鲜”中出现了“三江名鱼”。“两赏”为两道甜菜。白雪甜心、金裹冰心和“八碟”中的雪中浮云，是哈尔滨有记载最早的“冰雪菜”。“两品”是两道“炸烹菜”，锅包肉首次出现，而干炸肉段在当时也非凡品。

其后，毕光祖特别注明，这二十六道菜是几任道台“招待俄日等多国官僚友人”的必点菜。

菜单上还有十余道“日式菜”，菜名如下：

生鱼翻江、八卦菜、日式火锅、烧汁煎鱼、姜汁烧肉、烧红虾、炸排、炸鱼豆腐，等等。

日本于1907年在哈尔滨设立了总领事馆，该领事馆成为滨江关道进行对外交涉的一个重要对象。因此，滨江关道不可避免地需要与日本人进行交流与交涉。在这一背景下，“日本料理”被引入并加入了关道的菜单之中，这也成为这段历史的一个见证。

俄式西餐共有十道，菜名如下：

雪白蛋、牛肉罐肉、猪排、肉饼、奶汁羊肌、土豆烧牛肉、西红柿炒蛋、奶酪、烧牛肉、红汤。

毕光祖特别备注说明，在宴请俄国人时，多采用中西菜品兼备的方式。

这也是“俄式西餐”这一名词最早出现的记载，表明在20世纪初，俄式西餐已经是哈尔滨西餐的代名词和主要品种。菜单中提到的罐牛、肉饼、红汤、奶汁类菜品等，至今仍是哈尔滨俄式西餐的代表性菜品。而土豆烧牛肉、西红柿炒蛋这两道菜，已经广泛进入普通家庭，成为家常菜。

江浙菜共有十一道，菜名如下：

蚌肉豆腐、炒蟹粉、清汤鱼圆、清虾仁、炒虾饼、醋鱼、糟露鱼片、茭白炒蛋、南肉竹笋、乳肉、炒豆衣。

在哈尔滨，江浙菜和广东菜统称为“南菜”。南菜不仅因道台的喜好而进入了关道的菜单，还在哈尔滨的饮食行业中占据了一席之地。市面上很早就出现了专门的南菜馆，到了20世纪20年代，南菜馆更是风行一时。

秘制菜部分共有十七道，均为凉菜和熏烤肉类，菜名如下：

水晶肘子、水晶羊肉、水晶肚、水晶五香素肠、水晶全鸡、水晶猪肉、水晶活腿、水晶牛筋、水晶皮冻、水晶猪脚、水晶扇风、熏烤乳猪、熏烤羊排、熏烤羊腿、熏烤牛肌、熏烤全鸡、熏烤鸭鹅。

水晶类凉菜历史悠久，是京鲁菜的传统品类。制作时需要先制作“水晶汁”，即皮冻汁。将清理干净的猪皮煮至七成熟，刮去上面的肥肉，切成小条，再加入葱姜块、花椒水、清鸡汤，放入盆内，上锅蒸至烂熟后出笼。然后过滤掉残渣，加入盐和味精调味，即可制成清澈晶莹的水晶汁。将水晶汁浇在不同的食材上，待其晾凉凝结后，就成了“水晶菜”。上菜时，将水晶菜切成薄片，可以搭配蒜泥、卤虾油等调料食用，其特点是清香爽口，同时又带有浓郁的肉香。

▼ 水晶肘子

《官品膳谱》包含了中餐中的京鲁菜、江浙菜、烧烤，以及日本料理和俄式西餐，可以说是融南北、汇中西。从 1899 年吉林铁路交涉总局设立到 1908 年施肇基任职滨江关道，“滨江官宴”不仅完成了从萌芽到成型的过程，更是早早就奠定了哈埠菜的基调，影响深远。

东北名菜“锅包肉”出现在《官品膳谱》的“两品”之中，这一记载是锅包肉最早的史料证据，确凿地证明了锅包肉诞生于滨江关道，起源于哈尔滨。

由于锅包肉最初源自官府，随着滨江关道退出历史舞台，这道菜在 20 世纪 20 年代便逐渐消失，难觅踪迹。直至 20 世纪 50 年代，它才重新出现在菜谱和饭店的菜单上。

1956 年，国营长春食堂编写的《二百样菜的做法》一书中，锅包肉再次现身，这也是目前已知最早记载锅包肉制作方法的菜谱。

当时的做法与现在流行的做法大致相同，锅包肉独特的“烹汁”特色得以保留至今。

在国营饮食业时代，锅包肉得以普及，并成为东北地区的代表性菜肴。然而，其出身背景却长期隐没在历史中，鲜为人知。

2005 年，随着滨江关道遗址的发现，锅包肉的历史渊源逐渐浮出水面，开始被更多人知晓和认同。如今，锅包肉已成为东北地区的招牌菜之一，更是哈尔滨味道的代表，享誉全国，走向世界。

▼ 锅包肉

“崴子派”首秀哈埠厨界

民国时期尚未形成现代意义上的菜系概念，按地域划分只有帮口。哈尔滨历史上因山东人及其后裔居多，故山东厨师占据着哈埠各大、中型饭店的厨房。山东风味及在其基础上发展出的京津风味成为哈埠菜的主要风味。按照师承不同，又派生细分出“福山帮”“京东帮”“此地帮”“崴子派”“奉天派”等厨师流派。他们主灶的饭店则称为“山东帮饭店”“京帮饭店”“此地帮饭店”“奉派饭店”。

20 世纪初，在千里之外的海参崴，“闯崴子”的山东厨师们作为一个群体，即将登上哈尔滨的历史舞台。

海参崴在清代为吉林宁古塔副都统所辖，1860 年沙俄强迫清政府订立不平等的《中俄北京条约》，遂被其割占，被改名为“符拉迪沃斯托克”。1891 年，西伯利亚大铁路在此破土动工。1870 年至 1938 年，大量来自山

◀ 20 世纪初的海参崴，很多华人在此生活工作

◀ 20 世纪初，海参崴街头卖帝王蟹的华人。海参崴产的海参也是名产，被华人称为“崴子参”，是哈埠大饭店的高档原料

东等地的中国人来到海参崴谋生，史称“闯崴子”。

1903 年中东铁路的开通，使哈尔滨至海参崴的交通变得非常便利，哈尔滨的发展吸引了很多海参崴的华人回国创业。哈尔滨工商业巨头张廷阁、张道有、徐鹏志等人都有“闯崴子”的经历。

在“闯崴子”的大军中，也有很多山东厨人。他们将山东菜带入海参崴，开设饭店或为俄罗斯官员和富商充当家厨。

《中国人在海参崴》一书中就记载了一位中国小厨师——14 岁的常朱克，他在乌苏里铁路职员普谢涅茨基家里当家厨，“穿着中国人的厨师衣服，脚上是毡底矮腰软鞋”。

哈尔滨历史上著名的鲁菜名店“福泰楼”最初就是在海参崴创业，后来在哈尔滨开设分店的。另一家名店“兴滨楼”的老板王次安在“闯崴子”后回到哈尔滨，迎来了事业的高峰。曾任“新华楼”经理的高廷俊也是“闯崴子”的资深大厨。

1905 年，在海参崴发行的一张明信片上，记录下一位中国厨师和他的小徒弟的影像。这也是现存最早的“崴子派”厨师影像。

◀
1905 年海参崴发行的明信片，记录下“闯崴子”厨师的影像。这是最早的“崴子派”厨师影像

这位晚清时期的“崴子派”厨师头上盘着辫子，身着白色长袍，腰间佩戴着一匣别具一格的厨刀，如果没有专门说明，他更像一名身怀绝技的刀客。

“崴子派”厨师一登场就这样与众不同，他们携带的这一匣厨刀颠覆了我们对中国厨师的传统印象。三把不同规格的厨刀分插于刀匣之内，样式非传统中式厨刀，而更趋西式厨刀。这匣厨刀不仅是工具，更是厨师身份的象征，只有主灶的大师傅才能佩戴。这匣厨刀也成为“崴子派”厨师的标志物。

“崴子派”厨师作为哈尔滨饮食业的第一代厨师群体，具有国际化的视野，很多人通晓俄语，厨艺中西兼备。他们不仅将传统鲁菜带入哈尔滨，还开创了哈埠菜“中菜西吃”“西食中做”的独特饮食风格，奠定了哈埠菜的底色。

▼ 民国初年，哈尔滨的“崴子派”大厨合影，于中国八道街“晋川照像馆”拍摄。前排左四这位大厨，就是1905年明信片上的那位厨师

溜黄菜

溜黄菜是一道传统山东菜，清末时已存在。福泰楼于 1902 年在海参崴创立时，溜黄菜便是其名厨王金陵的拿手菜。此菜堪称哈埠菜“中菜西吃”的活化石。

溜黄菜是一道以鸡蛋为主要食材的佳肴。尽管原料简单，但它却是一道对厨师火候掌控和烹饪技巧要求极高的菜品。具体做法如下：取鸡蛋 3 个，其中两个仅保留蛋黄，去除蛋清，另一个则保留全蛋。将海参、海米切成小丁，与鸡蛋混合，加入两勺半的老汤，再加入适量的淀粉、味精、盐，调好口味后搅拌均匀。接着，取一个油勺，加入清油，待油温达到七八成热时，将调好的主料倒入油勺中，进行推炒。在厨界有句老话：“溜黄菜要推炒 108 下才算成功。”而一些经验丰富的老厨师则常说：“够不够，三百六。”这意味着推炒的次数可能需要更多，才能达到最佳口感。在推炒的过程中，需确保油能充分渗透到主料中，而表面不应留有过多油分。最终成品的溜黄菜口感极其鲜嫩，且营养丰富。

在海参崴，溜黄菜不仅受到华侨的喜爱，就连俄国人也对其情有独钟。他们甚至将溜黄菜当作“黄油”，蘸着或涂抹在面包上食用。中国人在看到这种吃法后，勇于尝试，结果发现别有一番风味。于是，这种吃法迅速在海参崴流行开来。随着“崴子派”厨师回到哈尔滨，他们也将这种独特的吃法带了回来。当福泰楼在哈尔滨开设分店后，一些从海参崴归来的华商还特意点名要品尝这道溜黄菜。

生菜大虾这道菜并未出现在鲁菜的传统菜谱中，而是“崴子派”厨师在传统鲁菜油焖大虾的基础上，融入西餐元素创新而成的一道“中西合璧”的菜品。它巧妙地将西餐中常用的生菜与油焖大虾相结合，色彩艳丽，大虾呈现出火红的色泽，生菜则保持着翠绿的颜色；口感上，大虾鲜美可口，生菜脆嫩爽口。食用时，可以用生菜蘸取虾汁，清淡爽口，别有一番风味。如果将一只大虾与生菜单独搭配上桌，则呈现出一种标准的西餐吃法。

生菜大虾作为福泰楼的一道名菜，已经伴随着这家历史悠久的老字号走过了近百年的历程。

▼ 生菜大虾

▲ 奶汤鲍鱼猪肚

奶汤鲍鱼猪肚同样是一道享誉盛名的“崴子派”菜肴。福泰楼在海参崴时期的名厨李云德便是此菜的烹饪高手。

奶汤鲍鱼猪肚属于半汤菜，其独特风味在于鲁菜中的精髓——“奶汤”。“崴子派”厨师大胆尝试加入鲜牛奶，这一创新被保留至今。这道菜将富含蛋白质的鲍鱼和富含胶原蛋白的猪肚，在高汤中精心煨制，使得汤色呈现出如奶般的白色，味道则鲜美浓郁，令人回味无穷。

作为一道高级大菜，奶汤鲍鱼猪肚也曾是兴滨楼的招牌菜之一。而兴滨楼正是那些“闯崴子”的先驱所创立，因此，这道菜也随着福泰楼和兴滨楼的名声而流传至今，成为经典中的经典。

民国初年，“崴子派”厨师已开始在哈尔滨的饮食行业中大显身手。到了 20 世纪 20 年代初，他们依然以标志性的“白袍”和“长刀”，站在历史舞台的中央，展示其精湛的烹饪技艺。

“崴子派”厨师在哈尔滨的首次亮相，选在道里中国八道街，这绝非偶然。

“百味大街”荟萃名店名味

中国八道街，现今被称为道里区西八道街，最初名为“老埠头八道街”，亦称“中国八道街”，是道里区最早开发的街道之一。1904 年，该街被命名为“高丽街”，成为道里区本土饮食业的发源地与聚集地。

1908 年，一位名叫满功臣的人在中国八道街北侧开设了名为“昌庆馆”的中餐饭店。到了 20 世纪 20 年代初，来自河南省朝城县的武相德在此开设了“武家馆”。在此后的二三十年间，三十余家饭店陆续在这条街上开业，使其成为哈尔滨著名的“饭店街”。由于这里既包含了中餐的传统美食，又汇聚了西餐、茶食、酒馆等多种风味，同时大店小馆林立，因此被誉为“百味大街”。

在哈尔滨的历史上，曾出现过多条“饭店街”，如道外的张包铺胡同、南十六道街，以及道里的西十三道街。然而，“百味大街”却仅此一条。

这条街道见证了哈埠菜的兴衰历程，堪称哈埠菜历史的缩影。

据史料记载，这里曾先后涌现出众多知名饭店字号，如昌庆馆、武家馆、宴宾园、同盛居、德盛园、三义馆、白宫饭店、会宾楼、东兴楼、正明楼、庆发园、协和春、北平张包铺、老独一处、真正独一处、范记

▼ 1903 年的中国八道街

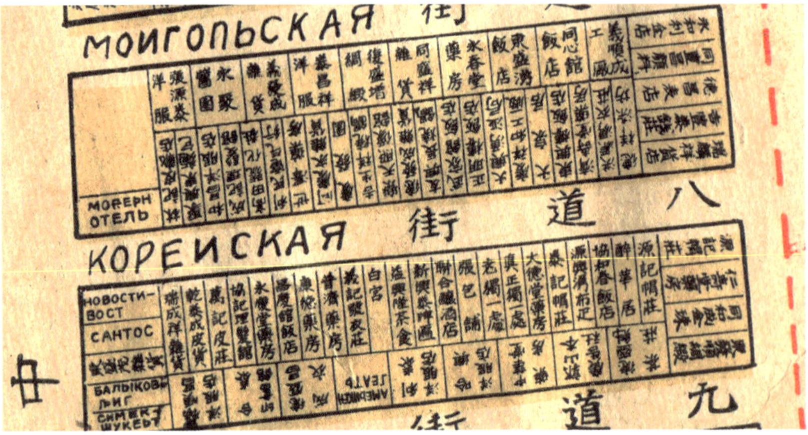

▲ 1933 年，中国八道街上分布着众多饭店

独一处、魁元阁、同庆园、天顺元、联合居、东兴居、同顺兴、天德号、福德号、宴鸿园、天津包铺、宝华春、双茂盛、德亿馆、文华香、北江村、华梅西餐饭店、岳阳楼等。20 世纪 30 年代初，这里同时有十多家饭店在营业。饭口时间，食客盈门，满街飘香。

白宫饭店“国菜流芳”

白宫饭店是“百味大街”上的一处独特风景，因其门面和室内装饰均采用白色，并且内部采用了欧式装修风格，所以得名白宫饭店。

白宫饭店的全称为“白宫国菜馆”，于 1932 年 4 月开业。那时哈尔滨已经沦陷。以“国菜馆”为名，大有深意，背后蕴含着深沉的爱国情感——国土虽陷，但国菜之香依旧流传，彰显了不屈的民族精神和爱国情感。

白宫饭店的创办并非出于商业目的，而是由陈远孚、于浣非、白秀生三位哈尔滨左翼爱国知识分子发起，旨在以此为掩护，开展抗日救亡活动。因此，这里成为许多哈尔滨爱国知识分子和进步青年的聚集地。作家罗烽在《忆在哈尔滨从事反日斗争》一文中就曾提及，这里曾是同志们会面接头的地方之一，与“牵牛房”和一毛钱饭店并列。革命烈士王学尧在1932年入党后，也曾在白宫饭店担任翻译工作，协助抗日活动。

此外，作家孔罗荪还回忆说，寒光剧社也常在白宫饭店进行排练。饭店的日常经营主要由于浣非的妻子李相云负责，而主灶厨师则是淮扬菜名厨甘霈芝。

在经营方面，白宫饭店显得非常灵活多样。它既承办酒席，也提供价格亲民的家常便饭，价格“由一毛至数十元”，丰俭由人。除了提供燕窝、海参等高档宴席外，还增加了零点菜品，如酥鱼、酱肉、熏鸡、稀粥、花卷、花生米等，满足了不同顾客的需求。

午饭时段，仅需“大洋五角”钱即可享用一汤一菜加米饭的套餐，饭店每日准备六汤七菜供顾客自主选择，且每五天更换一次菜单。汤品有川鸭肝汤、榨菜汤、菠菜汤、海米白菜汤、酸辣汤、烩豆腐丁汤等；炒菜则有溜白肚、炒辣子香肝、炒鸡肝、焖牛肉、红焖瓦块鱼、炒肉片、醋溜

▲ 1933年3月17日《国际协报》上刊载白宫饭店的广告

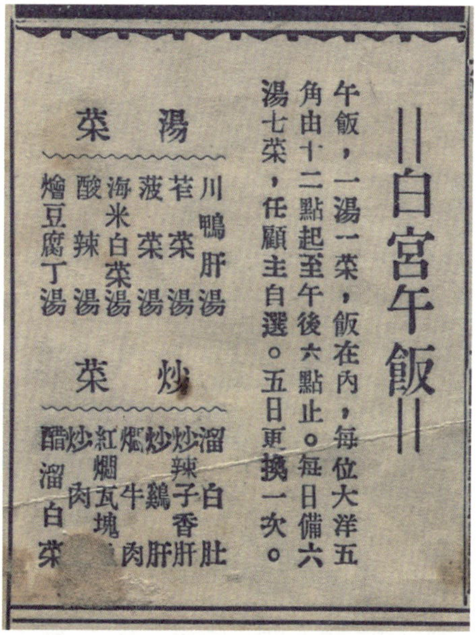

▲ 1933年《哈尔滨五日画报》上刊载白宫饭店的广告

白菜等。

白宫饭店自开业以来，每日顾客络绎不绝，生意异常兴隆。然而，1933 年夏，由于于浣非、陈远孚二人的抗日活动被日伪特务察觉并遭通缉，白宫饭店不得不遗憾停业。

尽管白宫饭店的经营时间仅有一年半左右，但它却在哈尔滨的饮食史上留下了浓墨重彩且鲜亮的一笔。

独一处“扎堆”

“独一处”是哈尔滨历史上赫赫有名的三鲜饺子品牌。自 1912 年，辽宁海城人范先庚在道外天一街创立了“范记独一处”后，哈尔滨涌现了十多家以“独一处”命名的饺子馆。其中，最为著名的当属哈埠首家三鲜饺子风味馆“范记独一处”，以及河北景县人杨保祥于 20 世纪 20 年代在道外纯化街创办的“老独一处”。在中国八道街上，就汇聚了“范记独一处”“老独一处”“真正独一处”三家饺子馆。

追溯历史，“老独一处”是中国八道街上最早开业的。

▼ 1930 年的中国八道街路南一侧，几家“独一处”相邻，饭店幌子一字排开，好不壮观

▲ 道里老独一处的牌匾和招幌

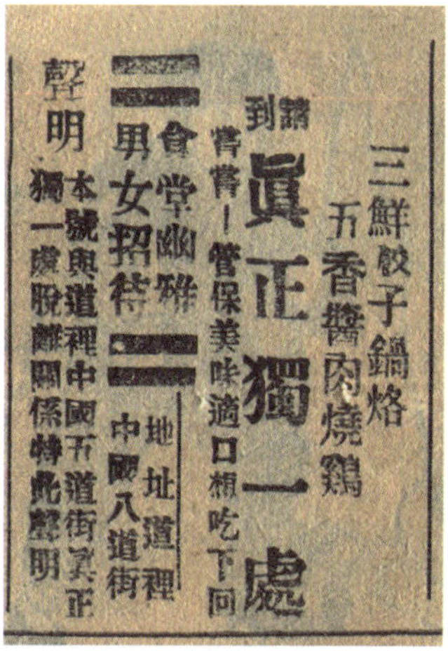

▲ 1931 年 12 月 19 日《新新日报》刊登的真正独一处广告

其店址位于中国八道街路南 12 号，从源头上讲，它是道外纯化街杨保祥所创“老独一处”的分店。1930 年，由杨保祥的三弟杨保荣与合伙人王玉堂共同出资开设。

“老独一处”的经营品种繁多，除了招牌三鲜水饺、三鲜蒸饺、三鲜锅烙外，还提供坛肉米饭，以及酱肉、香肠、熏鸡等熟食。其中，饺子搭配熏酱食品，更是哈埠饺子馆的传统特色，深受食客喜爱。

1935 年，道外区的老独一处因故停业后，由杨保荣经营的道里老独一处便成为了名副其实的“老独一处”。为了彰显其正宗地位，1935 年 6 月，该店还在《国际协报》上连续刊登了广告，明确声明“注意老独一处，只有一家并无分号”。

广告中称：“启者，鄙人在哈创设三鲜饺子馆二十余年，初在道外裤裆街经营十余年，嗣为便利主顾起见，特迁至道里中国八道街路南，迄又已十余年矣，远近各埠诸君尽知，深蒙各界赐顾不胜感激，据近又无耻之徒冒充本号，声言与敝号联号等语，纯系鱼目混珠，希图渔利，敬希各界喜食敝号三鲜饺顾主注意，敝号只有一家，并无分号，认真名老独一处专门三鲜饺，双人为记，勿为冒充者欺骗是幸。”

广告中的“双人”指的是店门面两侧各绘有一幅绅士画像。

杨保荣所经营的三鲜饺子，是在继承和发展道外“老独一处”传统的基础上，凭借其高质量与美味口感，赢得了社会各界的广泛赞誉。

老独一处历经公私合营、国营时期，最终于20世纪90年代停业，是中国八道街上经营时间最长的“独一处”品牌中餐饭店。

真正独一处位于中国八道街路南10号，紧邻老独一处东侧，于20世纪30年代初开业。作为老独一处的竞争对手，其经营品种有三鲜饺子、锅烙、五香酱肉烧鸡等。尽管名字相似，但真正独一处未能超越老独一处的地位，其经营规模和影响力均较为有限。

范记独一处位于中国八道街路北，是道外范记独一处分号，于1934年开业。作为哈埠第一家专业三鲜风味饺子馆，范记独一处在中国八道街上却没有竞争过老独一处，只经营了几年就歇业了。

魁元阁排骨包子成风潮

哈尔滨历史上最为出名的两种包子是天津包子和山东包子。天津包子以加入海味的三鲜包子著称，而山东包子则以加入排骨的排骨包子闻名。这两种包子分别代表了“闯关东”来到哈尔滨的河北人和山东人的家乡美食，它们在哈尔滨落户后，逐渐融入了哈尔滨的地方风味。

魁元阁是哈尔滨制作山东包子，尤其是排骨包子最为有名的饭店。早在20世纪30年代，魁元阁的排骨包子就已经风靡一时，在哈尔滨的山东

排骨包子

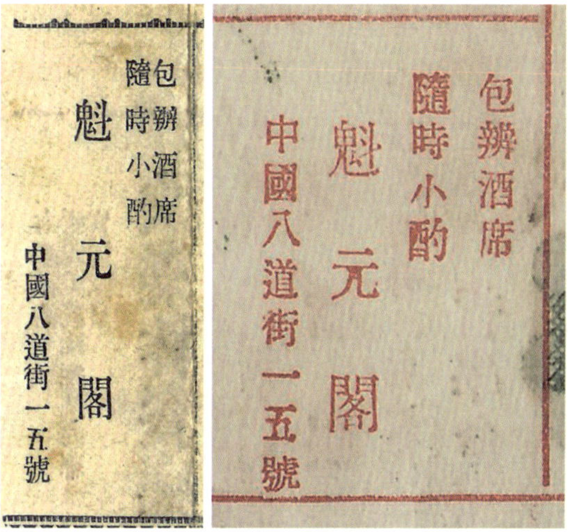

1946 年的魁元阁广告

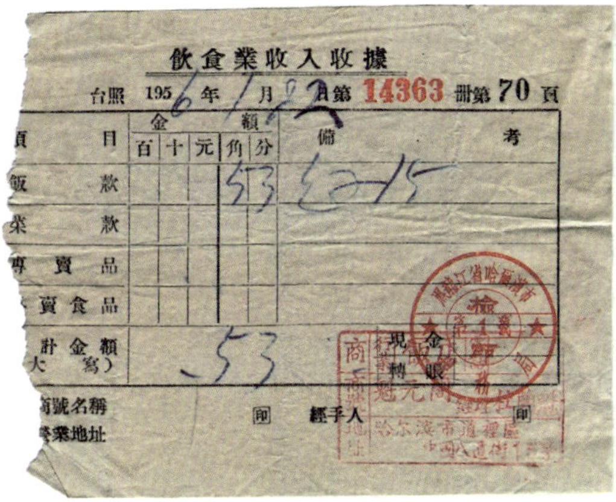

飲食業收入收據

台照 195 年 月 日 第 14363 冊 第 70 頁

項目	金額 百	十	元	角	分	備考
飯款						
菜款						
專賣品						
賣食品						
計金額（大寫）						

商號名稱 印 經手人 印
營業地址

1956 年魁元阁发票

同乡中无人不知，无人不晓。

魁元阁是一家地道的山东风味馆，于1933 年由来自山东招远的杜兰魁、杜兰阁兄弟以及赵履元三人合伙在道外的张包铺胡同创办，店名正是取自三人名字中的一字。后来，魁元阁又在道外的桃花巷和道里的中国八道街开设了分店。

魁元阁的排骨包子制作过程非常讲究。选料必须是新鲜硬肋排，喂馅时要加鸡汤，拌馅时加刹好的净白菜，包子皮选用双合盛 2 号沙子面。一屉蒸 40 至 50 个包子，其中山东包子和排骨包子各占一半。蒸好的排骨包子肉质酥烂、骨肉分离，口感韧中带脆，带有浓郁的排骨香气和面酱香味，咬开后汤汁四溢，肥而不腻。

当时，排骨包子 4 个售价 1 毛钱，山东包子 5 个也是 1 毛钱，真正做到了味美价廉。

道里魁元阁于 1936 年 5 月 28 日正式开业，店址位于中国八道街路北 15 号，杜兰魁担任经理一职。店内设有 6 个单间和 5 张桌子，一次可接待五六十人就餐。

道里魁元阁的经营策略灵活多变，且提供的菜品品种丰富多样。因此，它后来居上，其名气甚至超过了道外的魁元阁。值得一提的是，该店还首创了一种名为“素香肠”的特色食品，它是用豆腐皮精心制作而成的，

▼ 20 世纪 80 年代西八道街魁元阁饭店，此前为“松江鱼肉馆”。所在建筑为一栋二层折中主义建筑，大门洞左侧靠近中央大街一侧为“老独一处饺子馆”

口感与味道与香肠极为相似，深受素食者的喜爱。

道里魁元阁的名声迅速传播，不仅引领了哈尔滨饮食业的新风尚，还引发了一波模仿者。在随后的几年里，哈尔滨的街巷中涌现出了众多名为“魁元阁”的餐馆，甚至出现了“奎元阁”这样的仿冒者，试图鱼目混珠。

然而，真假终究难以混淆。在激烈的市场竞争中，道外和道里的两家正宗魁元阁经受住了时间的考验，持续经营了较长时间。道外魁元阁一直运营到 20 世纪 50 年代初，道里魁元阁则营业至 1958 年停业。1979 年，魁元阁以国营饭店的身份重新开办，店址迁至路南的“松江鱼肉馆”处，并且恢复了其独特的风味特色。复业后的魁元阁一直经营到 1990 年才停业，再次见证了其深厚的文化底蕴和广泛的影响力。

北平张包铺菜馆跃出“蟠龙鲤鱼”

北平张包铺菜馆是中国八道街上规模较大的中餐饭店，于 20 世纪 30 年代初开业。店主为河北景县人杨子垣，店址位于中国八道街路南 18 号，与两家“独一处”相邻。

北平张包铺菜馆虽有“包铺”之名，却是一家既能“包办京津酒席”，又可提供“随时菜蔬便饭”的大菜馆。

北平张包铺菜馆主要经营的是“京津风味”的酒席与菜肴。这些菜肴是山东菜传入京津地区后发展而成的，并逐渐演变为当时东北地区的主要风味特色之一。其两道名菜——“九转大肠”与“蟠龙鲤鱼”，还荣幸地参加了 1956 年黑龙江省厨师技术经验交流会，并成功入选“省内名菜”。

“九转大肠”作为一道传统的山东名菜，在北方地区广受欢迎，山东菜系的各大饭店均有提供。“蟠龙鲤鱼”则是一道较为独特的菜品，它并未出现在常见的菜谱或菜单中，而是北平张包铺菜馆的独家特色菜。

“蟠龙鲤鱼”属于浇汁鱼的一种，其制作过程十分讲究。首先，需选用一条松花江的大鲤鱼，然后顺着鱼身从脊背处将其破成两半，剔除鱼骨，并在鱼身上切成横顺交叉的花刀。接着，将蛋清和淀粉搅拌均匀后涂抹在鱼身上，再将鱼放入八成热的油锅中炸至焦黄色后捞出，最后在盘内将其

▲ 1942 年北平张包铺

◀ 蟠龙鲤鱼

盘成蟠龙状。完成这些步骤后，把精心炒制的糖醋汁均匀地浇在鱼身上。值得一提的是，最初的制作方法中，两片鱼中间还会放入一面煎好的鸡蛋，但后来这一做法逐渐演变为放入炸好的细面条。

传统的浇汁鱼主要包括松鼠鳜鱼和浇汁鲤鱼等，而“蟠龙鲤鱼”的出现，无疑为哈尔滨增添了一道独具地方特色的“浇汁鱼”，使哈尔滨人在享受美食的同时，也能感受到属于自己城市的风味。

北平张包铺菜馆一直经营到 1956 年公私合营，后因饮食网点调整而停业。

岳阳楼招牌桃馒头

岳阳楼坐落于中国八道街与新城大街（现今的尚志大街）交会处，于1946 年 10 月开业。尽管是这条街上相对较晚开业的饭店，但它凭借独创的特色面食——桃馒头，声名远播，享誉全国。1956 年，上海市饮食服务公司组织了参观团专程来到哈尔滨，目的就是学习桃馒头的制作方法，从而将这一美食传到了南方。同年，岳阳楼还参加了黑龙江省厨师技术经验交流会，会议结束后，其桃馒头和鸡汤豆腐脑均被评为省内著名的菜品和小吃。

岳阳楼的桃馒头外形酷似桃子，口感极佳。它白皙、松软、有嚼劲，层次分明，香甜可口，面香浓郁，即使长时间放置也不会变干，吃起来依然柔软适口，因此深受各年龄层消费者的喜爱。由于桃馒头的形状与寿桃相似，后来逐渐成为哈尔滨人为家中长辈祝寿时的首选礼品。

桃馒头的诞生背后还隐藏着一段夫妻携手创业的感人故事。

岳阳楼实际上是一家夫妻店，由来自山东荣成的杨赏卿和梁淑澄夫妇共同经营。在此之前，杨赏卿曾与人合伙在中国八道街上开过一家包子铺，

▼ 20 世纪 80 年代的国营岳阳楼饭店

但由于经营不善，生意日渐萧条，最终不得不关门停业。1946年10月，他们在街口租下了一间门市房，开始经营小吃，并将其命名为“岳阳楼浆汁馆”，次年更名为“岳阳楼”。开业之初，杨赏卿已年过半百，但事业上的挫折反而激发了他的斗志。他决心在晚年时光里，凭借这个小店，创造出属于自己的“绝活”。杨赏卿与妻子梁淑澄经过深思熟虑，决定从大众的饮食习惯入手，深入研究顾客的心理需求。他们发现，馒头作为一种常吃不衰、贫富皆宜的食物，其制作工艺最能体现厨师的智慧。于是，夫妻俩开始研制新的馒头品种，在吸收了开花馒头、杠子头、面包等多种面食的工艺特点后，博采众长，终于创造出了独具特色的桃馒头。

桃馒头一经问世，便立即受到广大民众的热烈欢迎。每天，岳阳楼门前都顾客盈门，桃馒头更是供不应求，甚至吸引了其他区的居民前来购买。从此，桃馒头的名声日益显赫，不仅传遍东北大地，还越过了山海关，远播至大江南北。

除了桃馒头外，岳阳楼的鸡汤豆腐脑也因其精工细作、舍得投料而备受赞誉。卤子中加入了猪肉丁、鸡肉丁、蘑菇丁、腐竹丁等多种食材，并调以豆瓣酱、葱花油、小磨香油和上等味素。品尝一碗岳阳楼的豆腐脑，细腻洁白，老嫩适中，口感润滑，卤子清澈不浑浊，既带有鸡的香味，又融合了蘑菇的鲜美。

1956年后，岳阳楼历经公私合营，成为国营饭店。1989年，岳阳楼被拆除，原址上修建起哈尔滨大酒家。岳阳楼独创的“桃馒头”和美味的豆腐脑成为老哈尔滨人记忆中的美食经典。

新中国成立以后，经过公私合营的变革，直至20世纪80年代初，西八道街依然保持着饭店街的风貌。这里汇聚了青年饭店、松江鱼肉馆、魁元阁包子铺、老独一处饺子馆、北江村、新春饭店、日日新饭店、盛滨回民饭店等一系列国营饭店。

1986年，西八道街被规划为风味饮食街，并特别邀请了北京故宫博物院的工程队在尚志大街口建造了一座古色古香的牌楼，作为这条饮食街的标志性建筑。在长达200米的人行道上，设置了80台流动的风味食品摊车，并配备了简易的布棚、桌椅等设施。夏季时，这些摊点从每天早晨6

点左右开始营业，一直持续到晚上八九点钟。经营的小吃种类繁多，包括眼炉芝麻肉火烧、鸡丝馄饨、三鲜水饺、天津包子、圆笼蒸包、山东抻面、蒸饺、水煎包、糖皮果子、砂锅豆腐等，还有西安扯面、兰州牛肉拉面、龙口拉面等共计 30 多个品种。这些小吃不仅汇聚了外地的著名风味，也充分展现了哈尔滨独特的食品风格。

到了 1990 年，西八道街和尚志大街的交会处新建起了一座五层大楼——“哈尔滨大酒家”，这曾是哈尔滨国营饮食业的辉煌时刻。但遗憾的是，到了 1996 年，由于经营陷入困境，这座酒家不得不外租，最终在 1999 年正式停业。随着它的停业，“百味大街”上曾经弥漫的满街香味也悄然消散，成为过往的记忆。

▼ 20 世纪 90 年代开业的哈尔滨大酒家，左侧是西八街风味美食街的牌坊

南北菜肴交融

中国饮食历史源远流长、文化博大精深，经过几千年的演变，在菜品上派生出各种流派与风味，深刻影响着人们的生活与饮食习惯。

近代以来，长江以北，尤其是黄河以北是“北方菜”的天下。其中，山东菜占主导地位，借入主京城的历史机运，培育出了京津菜，并附带催生出了东北菜。

北方还孕育出两大厨师之乡，其中之一是山东胶东地区，以福山（今属烟台）为主，史称“福山帮”。其历史可以追溯到明代，延续了四五百年之久。“福山帮”厨师活跃于宫廷与市井之间，其中一些人成为最早的御厨，长期主导着众多山东菜馆的厨房。清末民初三十年间，北京有名的大饭庄，从掌柜到伙计，基本都是山东人，厨房里更是一片胶东口音。

“福山的厨子遍全球”，哈尔滨第一个厨师群体“崴子派”也属于“福山帮”，很多名店中都有“福山帮”厨师的身影。

另一个就是河南长垣地区，他们尊伊尹为厨师鼻祖，清光绪年间就有2万余人以厨为业，在外谋生。长垣籍厨师也曾进入清宫御膳房，后走红北京。长垣厨人主理的“大梁春饭庄”在北京曾红火一时。近代中国第一家全国连锁饭店“厚德福”就是河南菜馆，长垣厨师是主力。1929年厚德福进入哈尔滨，也把正宗河南菜引入，糖醋溜瓦块鱼焙面、铁锅蛋也成为哈埠菜的一部分。

来自这些地方的厨人们，走出家乡，走进北方各大城市，在各类型饭店菜馆中控火翻勺，调和五味，展现着各自的精彩厨艺，为食客献上美味的菜肴。

长江以南，自然是南方菜的天下。哈尔滨历史上的“南菜”泛指“江浙菜”和“广东菜”这两种菜系，只是“江浙菜”一家独大而已。

江浙菜是晚清民国时期对杭帮菜、苏帮菜、甬帮菜和淮扬菜的统称。上海凭借国际大都市的地位，成为江浙菜繁荣鼎盛之地，并以其影响力，使江浙菜流行到北方，京津两地都有出名的江浙菜馆。

1906年，江浙菜作为道台的家乡菜被列入滨江关道菜单，并成为招待外宾的菜肴。在市井酒楼，则进入宴席，成为大饭店必备的菜式。1920年开业的“新世界”，专门设有南味厨房，烹调南菜。20世纪20年代，江浙菜馆在道外南十六道街上就有四家之多，道里中国十三道街上的“五芳斋”更是异军突起，以正宗江浙菜驰名哈埠。哈尔滨还诞生了江浙菜名厨甘霈芝，他不仅精通淮扬菜，而且凭借在哈尔滨经年的从业经验，也会做北方菜，在当时已经被业界认可，扬名哈埠。

广东菜拥有悠久的历史，新中国成立后被列为“四大菜系”之一。在清末至民国时期，广东菜主要盛行于南方地区，除了其发源地广东外，上海的粤菜馆也极为繁荣。相比之下，在北方地区，即便是像北京、天津这样的大城市，粤菜馆也显得相当稀少。而在地处边陲的东北地区，粤菜馆更是难得一见。然而，哈尔滨却有两家粤菜馆在历史上留下了名字，它们就是“广珍粤菜馆”和“一家春粤菜馆”。这两家粤菜馆能够落户哈尔滨，要归功于两位广东人——邓奇涂和周士硕的努力。因此，哈尔滨人在20世纪30年代初就有机会品尝到众多正宗粤菜，这无疑大大丰富了他们的饮食体验。

除此之外，哈尔滨的历史上也曾出现过闽菜和川菜的身影。例如，1933年位于道里公园内的“如意亭”餐厅，就曾聘请福建名厨精心制作闽菜。而在1939年开业的滨江饭店，也特地聘请了川菜厨师来烹调正宗的川菜。

遊公園者注意

欲求飯菜適口者不可不到如意亭欲飲淸涼飲料者不可不到如意亭如意亭所聘的廚師是閩籍名手所售的飲料是上等淸潔更有各種魔術時調大鼓新劇音樂以助淸興總能使顧客們希望如意而來俱達到如意而去此外爲酬惠顧雅意起見在本亭若能化去哈洋一元五角以上者即贈大西洋影院免費影券一張俾遊園歸來再飽眼福誠一舉而兩得矣

如意亭謹啓

▲ 1933年，《大北新报画刊》刊载了如意亭的广告

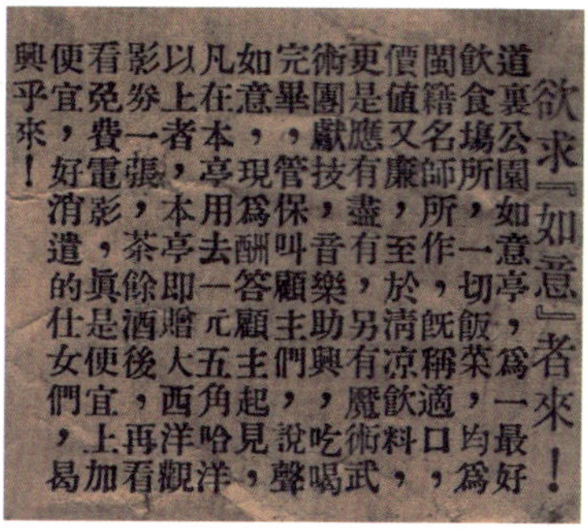
欲求『如意』者來！

道裏公園如意亭，爲一最好飲食塲所，一切飯菜，均爲閩籍名師所作，旣稱適口，價値又廉，至於淸凉飲料，更是應有盡有，另有魔術武術園獻技，音樂助興，吃喝完畢，管保叫顧主們，說聲如意，現爲酬答顧主起見，凡在本亭用去一元五角哈洋以上者，本亭即贈大西洋觀影券一張，茶餘酒後，再看看免費電影，眞是便宜，上加便宜，好消遣的仕女們，曷興乎來！

▲ 1933年，《哈尔滨五日画报》刊载了有关如意亭的信息

从20世纪初南菜在哈尔滨初现端倪，到20世纪20年代专业的南菜馆逐渐流行开来，哈尔滨各大、中型饭店纷纷开始兼营南菜。这一趋势标志着哈尔滨饮食业南北菜肴交融的格局已经初步形成。

兴起于官场的南方味

哈尔滨，不仅吸引了众多山东人、河北人“闯关东”来此创业、兴业，同时也汇聚了来自南方七省的人士。他们或因政治原因，或因商业机遇，也纷纷落户哈尔滨。尽管这些南方移民人数不多，但他们却率先在哈尔滨成立了属于自己的互助组织——三江闽粤会馆。

三江闽粤会馆于1909年12月在道外区正阳六道街正式成立，由江苏、安徽、江西、浙江、福建、广东、广西七省的同乡共同组建。1915年，广东商人创办的著名化妆品公司“广生行”特意在此地开设了分行，并推出了其名牌产品——双妹系列化妆品，这一产品在当时产生了深远的影响。而在20世纪第二个十年，会馆所属临街大楼内还曾开办过一家名为“醉德楼”的饭馆，规模相当庞大，一楼设有六间房，二楼则有十五间房。

▲ 三江闽粤会馆新建议事厅记碑

在哈尔滨的南方人中不乏政界名人。自20世纪初至20世纪20年代，他们活跃于哈埠政坛。

例如，哈尔滨首任道台杜学瀛，第三任道台施肇基及其重要幕僚毕光祖，时任道署收支委员的陆勤之，1911年和1918年两次任道台的李家鳌，1917年任滨江道尹的施绍常，1919年任滨江道尹的傅疆，他们都是江浙人。

▲ 三江闽粤会馆议事厅旧址

1918年年底，三江闽粤会馆改选，李家鳌任会长，诸汾伯任副会长。

1919年1月，浙江余杭人傅疆出任滨江道尹，同时被选为三江闽粤会馆会长，年底卸任，会馆特别在新开业的大饭店——中西饭店举办宴会，为其践行。

在哈尔滨的南方七省人士中，江浙人居多，故此，江浙菜在哈尔滨的兴起与流行也就顺理成章了。

“南北酒席”流行一时

作为东北历史上最为国际化的城市，哈尔滨在饮食方面，虽然多元，但中餐还是以京鲁菜为主，绝大多数大、中小型饭店都是“山东馆”或“京津馆”。此外，还有一些“此地馆”，多为便民小饭馆。

随着南方人在哈尔滨的增多，特别是南方官员对宴饮的需求，“南菜馆”应时而生。南菜馆饭菜大多适合南方口味，讲究口味清淡，色泽鲜艳，以甜食和海味为主，葱、韭之类极少。

1922 年发行的《哈尔滨指南》中，专门列出了几家“南菜馆”，有“越香春（大舞台南巷路南）”“南味斋（十六道街路东）”“小有天（十六道街路东）”“五香居（十六道街路西）”等。

同时，一些能包办酒席的山东帮大饭店和京津馆，为了满足客人需要，也纷纷兼营南菜。尤其是在传统宴席方面，南菜成为不可或缺的菜式。哈埠有名有姓的大、中型饭店，牌匾上多注明“包办南北酒席”字样，这一传统一直延续到新中国成立初期。

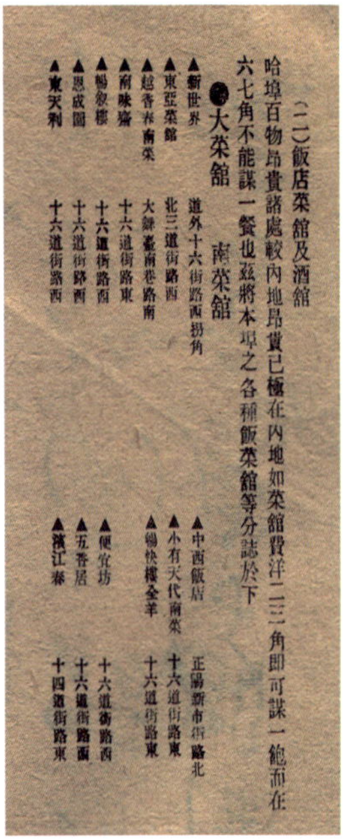

（二）飯店菜館及酒館

哈埠百物昂貴諸處較內地昂貴已極在內地如菜館費洋二三角即可謀一飽而在六七角不能謀一餐也茲將本埠之各種飯菜館等分誌於下

大菜館　南菜館

▲新世界　道外十六街路西拐角
▲東亞菜館　北三道街路西
▲越香春南菜　大舞臺南巷路南
▲南味齋　十六道街路東
▲暢叙樓　十六道街路西
▲恩成園　十六道街路西
▲東天利　十六道街路西
▲中西飯店　正陽新市街路北
▲小有天代南菜　十六道街路東
▲暢快樓全羊　十六道街路東
▲便宜坊　十六道街路西
▲五香居　十六道街路西
▲濱江春　十四道街路東

哈尔滨最早的中餐饭店之一的福德园便以“包办南北全席”著称。1910 年在道里中国十一道街开业的天福楼，专办“满汉酒席”“南北碗菜”。20 世纪 40 年代，道外丰润街上的华宴楼有“南北小吃”，南三道街上的美华楼有“南北炒菜”，东北饭店则“包办南北酒席套菜”。

像新世界、宴宾楼、泰华楼、鸿泰楼、新海轩、泰丰楼、天福号、北平张包铺、光复饭店等知名饭店，也都以“包办南北全席”闻名。

◀
1922年发行的《哈尔滨指南》中，专门列出“南菜馆”，有“越香春（大舞台南巷路南）”“南味斋（十六道街路东）”“小有天（十六道街路东）”“五香居（十六道街路西）”

哈尔滨厚德福虽然是河南菜馆，但牌匾上却写着“厚德福南菜馆”，既有正宗河南菜，又有京鲁菜，宴席中也融入了南味元素。

山东帮大饭店福泰楼于 1928 年兑下中国十三道街上的“南味馆”，并从道里中国十一道街搬迁到新址开始营业。为此，福泰楼刊登广告广而告之：“由京津聘到最优等南北厨师，烹饪之美，调和之洁，包办南北酒席……”在福泰楼门前的牌匾上，一块写着“本楼包办南北酒席”，另一块则特别标注“苏浙应时南菜俱全”。这两块竖匾一直悬挂至 1955 年福泰楼公私合营之时。

南菜在哈尔滨的出现和流行，固然依赖于特定的人群基础以及官员的推动，同时也离不开南货栈和南味茶食店的贡献，它们为南菜馆及经营南菜的饭店提供了所需的食材。

自清代以来，南方的特产被统称为“南货”，而经营销售南货的商铺，一般起名为南货栈或南货店、南货庄。在 20 世纪初，傅家店的货店就已

▼ 福泰楼

经开始售卖南方的干鲜特产。到了 1911 年，绍兴人在道外北二道街开设了“鼎丰南货栈”，这就是如今老鼎丰的前身。进入 20 世纪 20 年代，南货店成为傅家甸众多行业之一，其中知名的有江南春、南江春、鼎丰、老鼎丰、新鼎丰、鼎茂、张正裕、张正丰、正丰祥、吉祥新、忠正裕等。

鼎丰是绍兴人在全国范围内开设的字号，主要经营南方的干鲜货品和特产。在哈尔滨，曾经有多家“鼎丰”。20 世纪 20 年代初，北二道街最早开设的“鼎丰”被称为“老鼎丰”。

从其广告中，我们可以窥见当时哈尔滨市场上南货品类之丰富程度。

“本号经售货物均由南省采办，并在上海专配新时东西，凡居旅食用之品一概俱全。本号所做点心全仿南式新样，尤以苏杭著名之司务上等纯净之材料精工配合，味美独一。”

广告上罗列了部分货品，达二十多项，品种繁多，真是“应有尽有，不及备载”。

其中包括：南北干菜、两洋海味、山珍果品、银耳燕菜、火腿绍酒、榨菜腐乳、蜜饯糖脯、水果洋糖、熏腊糟醉、腌酱食物、粽子年糕、四时糕饼、维新茶食、罐头食物等，这些都是南菜馆必备的货品。

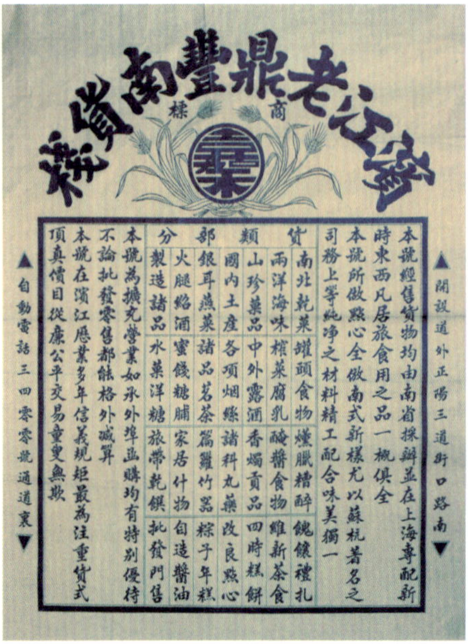

20 世纪 20 年代滨江老鼎丰南货栈大幅广告

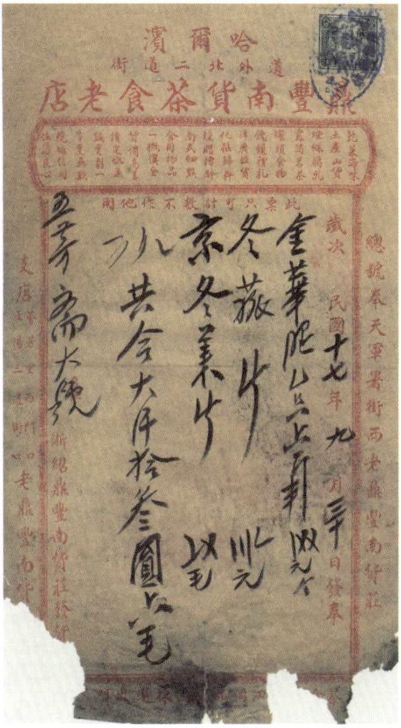

▲ 1928 年鼎丰南货店给五芳斋的购货发票

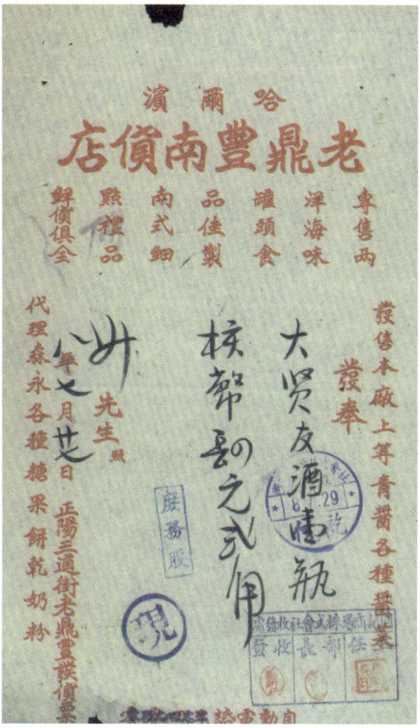

▲ 1941 年老鼎丰南货店发票

1927 年开业的五芳斋南菜馆，所需原料均在本地货店采购。其中，江浙菜离不开的绍酒、火腿，专门从“老鼎丰”购进。

哈尔滨流行过的江浙菜有近百道，其中留下名字的有：

红烧甲鱼、蝴蝶烩鳝、烧划水、烧下扒、烧无菜、烧大当、烧头尾、烧即鱼（烧鲫鱼）、烧黄鱼、拖黄鱼、汤龙头、汤卷、黄鱼羹、黄鱼豆腐、熬黄鱼、咖喱鸡、炒鸡丁、炒鸡片、鸡骨酱、炒什锦、八宝辣酱、炒圈子、炒鱼片、椒盐排骨、桂花肉、糖醋排骨、炒三鲜、炒腰子、炒时件、炒肉片、炒肚丝、大烤肉、炒雪冬、虾子冬笋、汤酱小白菜、川菜炒肉丝、胶菜炒肉丝、冬笋炒肉丝、炒冬菇、开洋炒蛋、玉宝蛋、绍兴汤、肉片汤、鱼片汤、三片汤、烧二冬、什锦汤、大血汤、什锦盖浇饭、清蒸鳜鱼、古老肉、烧大鱼头、炒明虾片、绍酒酱鸭等。

■ 南味名店，哈埠扬名

20 世纪 20 年代至 20 世纪 50 年代，哈尔滨知名的江浙菜馆有：道外南十六道街上的“越香春”“南味斋”“南味馆”“小有天”“五香居”，道外桃花巷的“江南春”，道里中国十三道街上的“南味馆”“五芳斋”；新城大街上的“南味斋”，以及抚利街上的“松林饭店”。广东菜馆有道外景阳街上的“广珍粤菜馆”（后迁至道里中国十三道街），以及霞曼街上的“一家春粤菜馆”。

名店必有名厨，哈尔滨历史上有两位江浙菜名厨和一位广东菜名厨留名传世，他们分别是江苏人甘霈芝、陈茂松及广东人周士硕。

甘霈芝成名最早，1921 年来到哈尔滨，在多家大饭店上灶，经验丰富。1932 年 4 月至 1933 年 6 月，他在“白宫饭店”主灶。1938 年，他被道外鸿泰楼聘请，并登报广而告之，赞誉他“南北大菜专门巧妙”，可见当时他已是被业界认可的名厨。

▼ 道外“南味馆”牌匾，上缀“浙江”两字

像甘霈芝这样身为南方人，不仅擅长南菜，还精通北方菜肴的大师傅，哈埠厨坛还有一位。此人名为纪海峰，江苏省邗县人，他在天津的江浙菜馆“第一春”出徒。20 世纪 30 年代，他先后在哈埠著名大饭店新华楼和泰华楼上灶，在新中国成立前成名，有独家菜肴“三鲜行李蛋”传世。

南味馆与越香春

哈尔滨有记载最早的知名江浙菜馆为“南味馆”和“越香春”，这两家餐馆在 1922 年时已经存在，均是包办南北酒席的大饭店。

南味馆位于道外南十六道街的荟芳里，大舞台路南胡同内。该馆提供不同规格的宴席，种类繁多，共有七种，价格从最顶级的“头等鱼翅席价洋三十二元”，到较为经济的“价洋十元”的便席不等。此外，南味馆还提供相对便宜的套菜，套菜分为六个等级，“一等套菜八元”，最低的“六等套菜三元”。

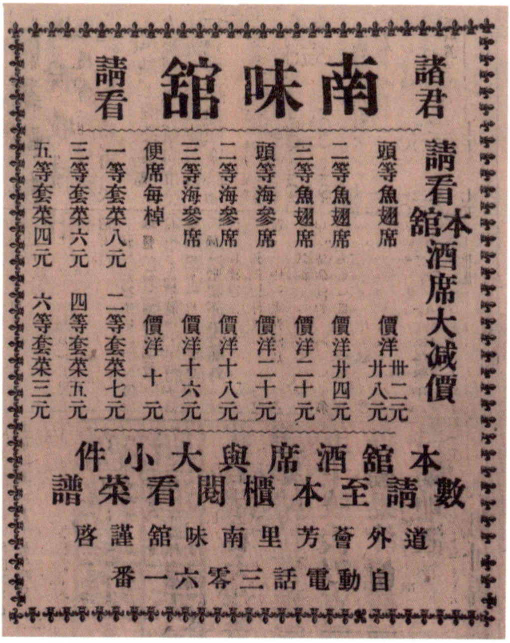

1931 年 5 月 20 日《哈尔滨市报》南味馆酒席广告

道里十三道街也有家“南味馆”，1928 年出兑给福泰楼。

越香春则位于道外南十六道街路东，荟芳里西门口。1926 年，越香春被列为三等餐馆，资本金 4000 元大洋，经理为王镇武。

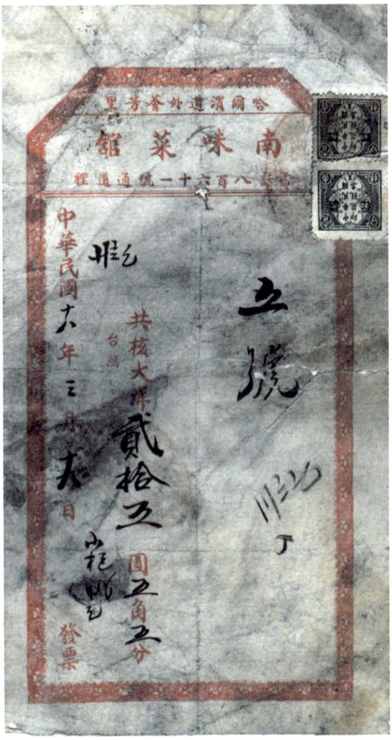

▲ 1929 年南味馆发票

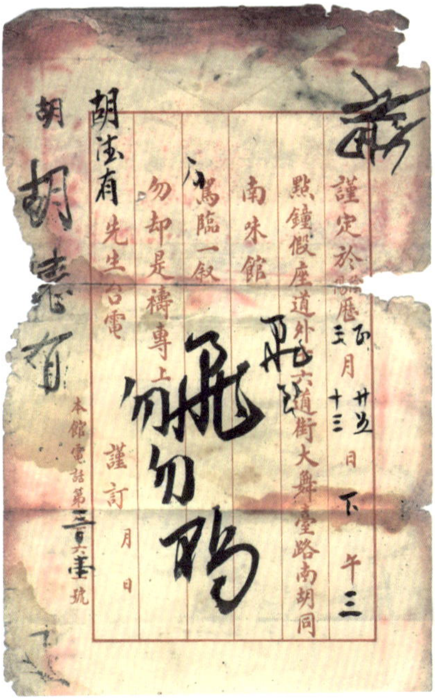

▲ 1931 年 3 月 13 日吴越斋商号邀约胡德有下午三点到南味馆的请柬

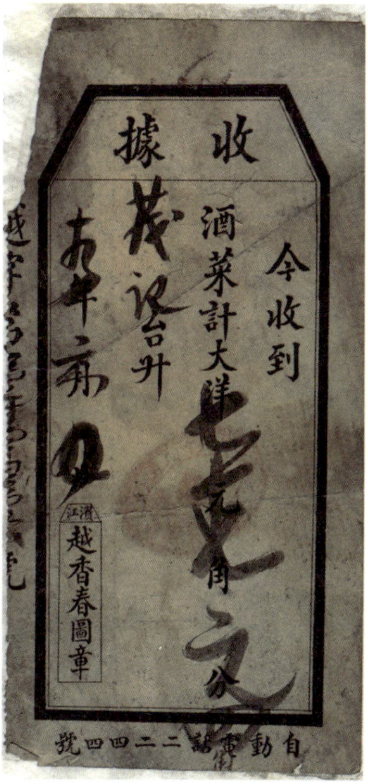
收據
今收到
酒菜計大洋
元
角
分
濟江
越香春圖章
自動電話二四四二號

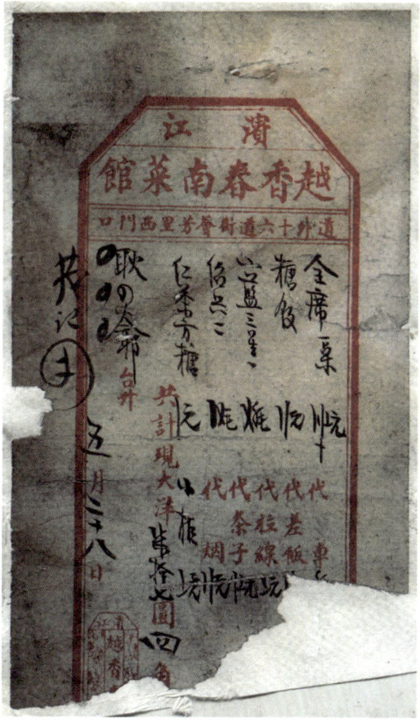
濟江
越香春南菜館
道外十六道街豐芳里西門口
代車
代差飯
代線粒
代子茶
代烟
共計現大洋

▲ ►

1930 年越香春南菜馆发票。其中一张发票上显示，一位耿四爷在越香春招待客人，点了一桌“全席”，还有糖饺、三星啤酒、绍兴酒，饭后是加糖红茶

五芳斋南菜馆

现在提到五芳斋，人们往往会联想到嘉兴五芳斋粽子。其实“五芳斋”这一字号最早来自苏州一家点心铺。后来，出现了“五芳斋饭店”，作为一个主营“南菜”的饭店字号，在南京、南昌、北京、哈尔滨等城市都有出现。这些饭店并不像河南菜馆“厚德福”那样是全国联号，而是类似于绍兴人的字号“鼎丰”，各自独立经营，互不统属。

哈尔滨的五芳斋开业于1927年5月31日，地址在道里中国十三道街路南14号，创办人为浙江人张饴庆。

五芳斋所在的道里中国十三道街，是哈尔滨历史上著名的饭店街，先后有二三十家饭店在此街上出现。到1933年时，此街上同时营业的饭店包括五芳斋、新华酒店、高等独一处、兴滨楼、新新轩、明立园、小乐天、福泰楼和新包铺九家。

▼ 五芳斋

民国时期，上海作为大都市，餐饮业非常发达，集江浙菜之大成。

哈尔滨的五芳斋专门从上海聘请名厨，烹制江浙菜，名菜有红烧甲鱼、蝴蝶烩鳝以及绍酒酱鸭、鸭头、鸭舌等。

五芳斋的名菜蝴蝶烩鳝是起源于江苏的传统名菜。“蝴蝶”指的是猪后腿膝盖处的一块圆形软骨，附韧带，俗称蝴蝶骨，而鳝即黄鳝。烹制此菜时，必须要先用绍酒、酱油、糖分别将蝴蝶骨和鳝段烧至酥烂，然后一起烩制。成品色泽酱红，质地软糯黏口，味道浓鲜，咸中带甜。

五芳斋不仅包办南北宴席，还在二楼设有礼堂，可以举办婚礼、寿宴。五芳斋的高档宴席是当时北方地区流行的“燕”“翅”“参”全席，并专门印制有“席票”发售。席票是旧时大饭店向顾客预售的一种宴席礼券，可以自用也可以送人，凭票消费。五芳斋的翅子席席票一桌价值大洋 24

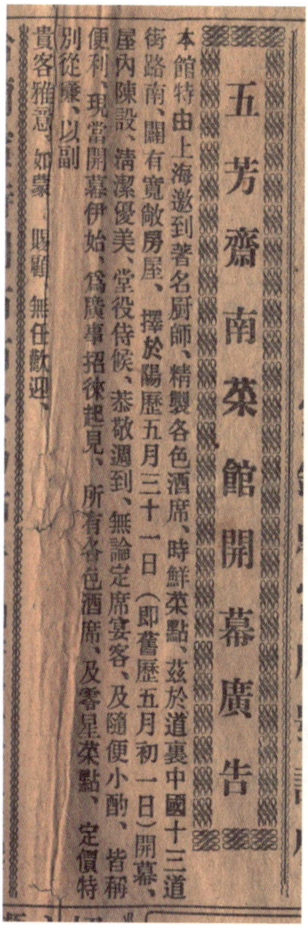

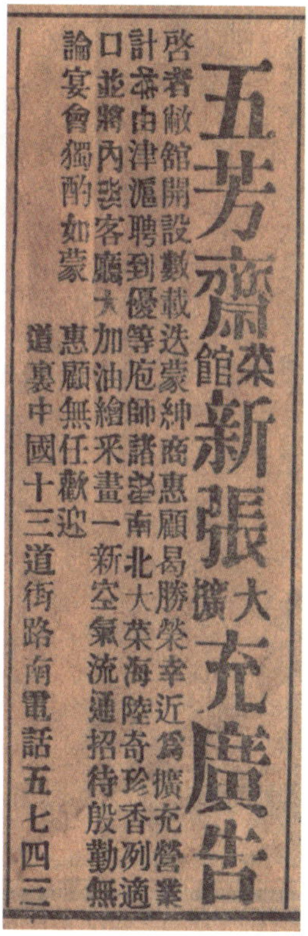

▶ 左图：五芳斋南菜馆 1927 年开业时在《国际协报》刊登的开幕广告称：本馆特由上海邀到著名厨师，精制各色酒席，时鲜菜点，兹于道里中国十三道街路南，辟有宽敞房屋，择于阳历五月三十一日（即旧历五月初一日）开幕，屋内陈设，清洁优美，堂役侍候，恭敬周到，无论定席宴客，及随便小酌，皆称便利，现当开幕伊始，为广事招徕起见，所有各色酒席，及零星菜点，定价特别从廉，以副贵客雅意，如蒙赐顾，无任欢迎

▶ 右图：1933 年，《哈尔滨公报》刊载了五芳斋的广告

元。

五芳斋很重视广告宣传，在开业至1935年间，它的广告经常出现在《国际协报》《哈尔滨画报》《哈尔滨五日画报》《大北新报画刊》《哈尔滨公报》等报刊上。

1935年，已经营业七年的五芳斋，在一楼增设“小卖部”，提供价廉味美的大众菜肴，以方便顾客就餐。为此，五芳斋在《哈尔滨公报》上刊登广告称：本号开幕业经七载，规模设备均臻完善，喜寿礼堂布置富丽，包办酒席价目克己，新聘庖师改良手艺，满筵汉席南北咸宜，宴会便酌色色随意，嘉宾莅临无任欢迎。新添小卖部启事：兹为便利顾客小吃起见，特在本号楼下另开小卖部随时预备各种应时菜肴，无论便饭小酌，价目格外公道，招待比众周到，临时并有特别优待办法，务请诸君光临，一试方知言不谬也。

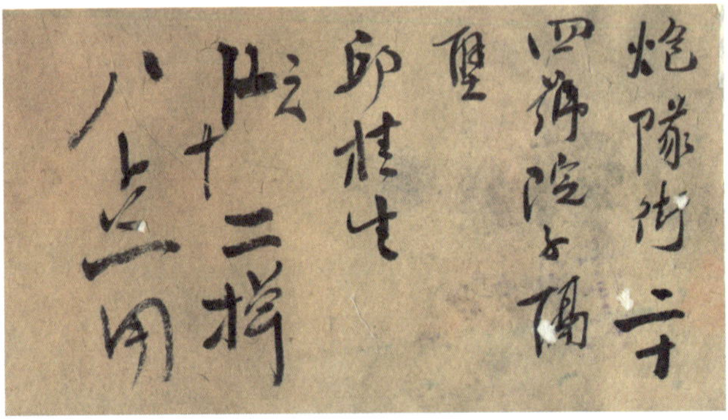

五芳斋手写外会单

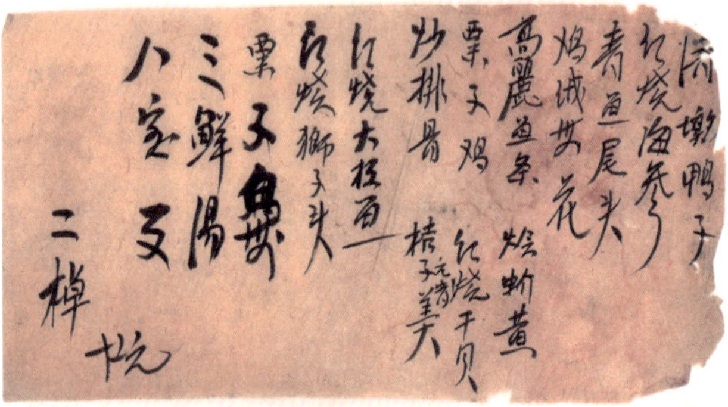

五芳斋手写客点菜单，两桌菜合计12元

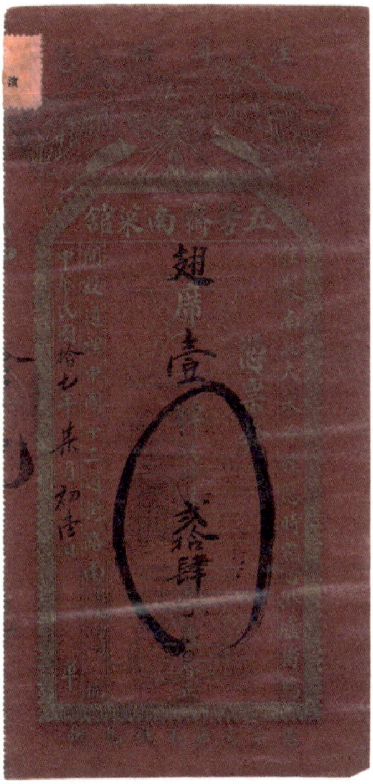

▲ 1928 年五芳斋鱼翅席席票

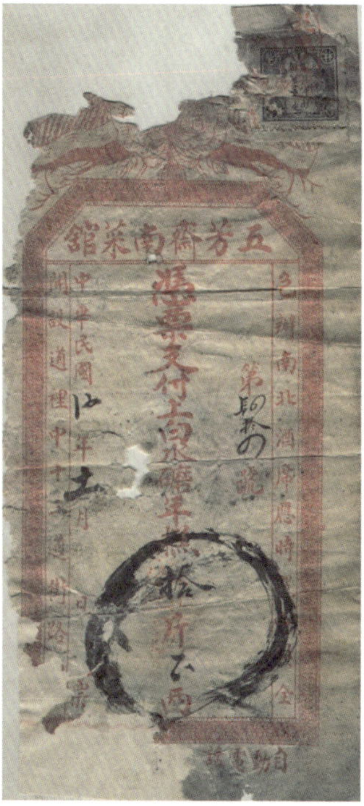

▲ 五芳斋赠品票据，可凭票领取年糕 10 斤

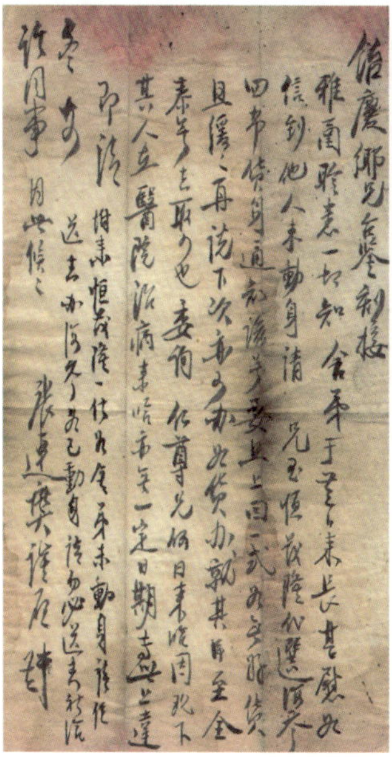

▶
长春五香居张连樊寄给哈尔滨五芳斋老板张饴庆的信笺

▲ 1946 年 4 月 6 日南味斋广告

五芳斋于 20 世纪 30 年代末停业，其经营的十余年间，正是哈尔滨江浙菜馆最为鼎盛的时期。自五芳斋之后，哈尔滨便再无著名的“南菜馆”。直到 1946 年，道里新城大街新开了一家名为“南味斋”的餐馆，但可惜只是昙花一现，并未长久。1949 年，另一位淮扬菜名厨陈茂松在道里开设了一家南味小馆，名为“松林饭店”。这家饭店一直坚持到 1956 年公私合营。之后，陈茂松于1957年进入国营松滨饭店，与粤菜名厨周士硕一同主灶南菜部。

广珍与一家春

广珍粤菜馆是哈尔滨历史上有记载最早的粤菜馆，也是最著名的粤菜馆。它开业于 20 世纪 30 年代初，店主为广东开平人邓奇涂。最初开设在道外景阳街上，20 世纪 30 年代末迁至道里中国十三道街路北，约于 1945 年停业。当时，“哈尔滨市饭店组”有 16 家大饭店成为理事成员，广珍粤菜馆便是其中之一，也是唯一的非京鲁菜馆。

广珍粤菜馆只挂牌匾，不挂幌，营业时间 7：00 至 21：00。它可以包办酒席，但酒席并不局限于南方菜式，还包含当时京津和东北地区流行的燕菜、鱼翅、海参席。在当时的哈尔滨经营广东菜，要做到正宗，原料很重要，广珍粤菜馆特别选购广东特产制作菜肴，以保持风味不变。其经营的广东名菜有凤入罗帏、茄汁鸡球、银杏鸡丁、豆豉蒸鸡、窝贴明虾、窝贴鱼块等。

1939 年，邓奇涂邀请同乡、粤菜名厨周士硕到广珍掌灶，一直到 1945 年。周士硕的拿手名菜有六味豆腐、八宝辣酱、龙母蟠桃、桃园三结义等。1953 年 12 月，在广珍粤菜馆停业 8 年后，周士硕又在道里霞曼街开设了一家粤菜馆，取名“一家春”，一直经营到 1956 年公私合营，其所售卖的菜肴多沿袭广珍粤菜馆时的品种。

周士硕堪称哈尔滨历史上的一代粤菜大师。他生于1899 年9月25日，广东省开平县（今开平市）人，出身贫农家庭，父母早亡。经族兄供养读

▲ 粤菜大师周士硕

私塾 3 年，15 岁时到广州市桃李园饭店学徒 3 年。1922 年，他随族兄周世显去朝鲜汉城金谷园，在厨房上灶 11 年，同时兼任汉城朝鲜梨兰学校烹调科教员。1933 年，周士硕又随族人周士仪去日本长崎荣华园饭店上灶 3 年。1939 年，应同乡邓奇涂的邀请，到哈尔滨道里中国十三道街广珍粤菜馆上灶 6 年。1950 年，他在中国驻苏联大使馆做厨师。1952 年回国后，于 1953 年 12 月在道里开设

▼ 20 世纪 30 年代景阳街，右侧建筑为“广珍粤菜馆”旧址

“一家春”粤菜馆。1956 年公私合营后，“一家春”字号取消，周士硕随后调到松滨饭店，与淮扬菜名师陈茂松一起负责南餐，后做冷荤。1960 年 7 月 1 日，经商业部授予烹饪技师职称。1966 年 8 月退休，1977 年病故。周士硕作为粤菜在哈尔滨承前启后的重要人物，连接了两家粤菜馆的历史，见证了粤菜在哈尔滨的兴衰与发展。他不仅传承了传统粤菜的精髓，还通过自身的努力使粤菜风味在哈尔滨延续至 20 世纪 80 年代，可谓厥功至伟。

一家春粤菜馆是新中国成立后哈尔滨开业的第一家粤菜馆。常卖的广东菜多达 20 余种，样样精美，风味十足。主要有六味豆腐、游龙戏凤、掌上明珠、龙母蟠桃、桃园三结义、红烧甲鱼、清烧甲鱼、八宝辣酱、大烤肉、茶烧肉、古老肉、冬瓜盅等。凉菜则有自制广东香肠、腊肉、红果凤眼肝、凤眼卷等。

在众多名菜中，六味豆腐堪称周士硕的拿手名菜中的代表之作。这道菜用料精细繁多，制作过程复杂，成品口感鲜嫩、清凉可口，味道鲜美，非常受顾客欢迎。

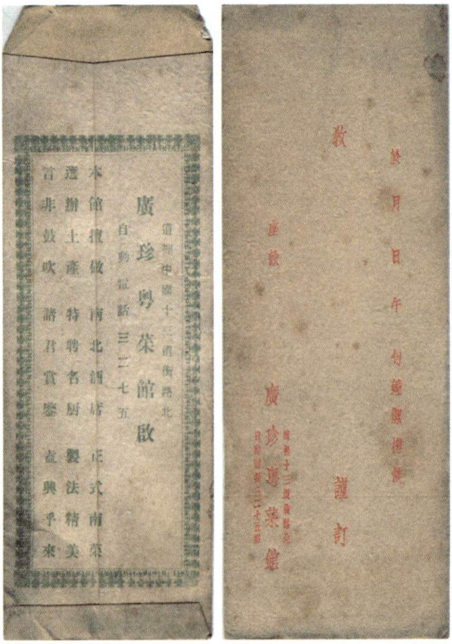

▲ 广珍粤菜馆信封和请柬

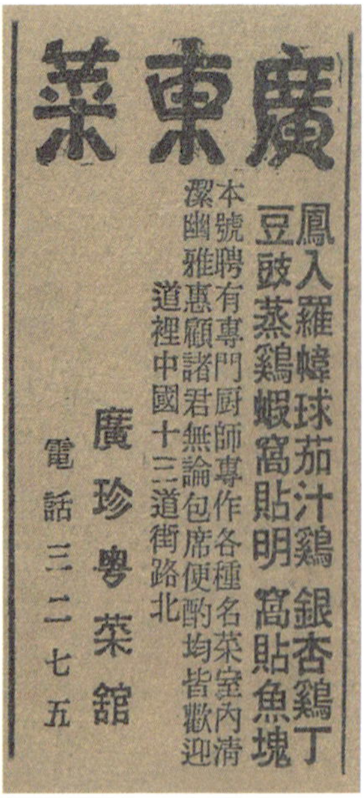

▲ 1939 年《午报》刊载广珍粤菜馆广告

20世纪50年代初道里霞曼街，右侧为一家春粤菜馆

此外，一家春粤菜馆的“红烧甲鱼”也是纯粹广东风味，强调滋补，富有营养。饭店自备缸养甲鱼，现宰现做，保证鲜活。

周士硕的凉拼技艺讲究“四美”，即味美、形美、色美、名美。他制作的“红果凤眼肝”，将生猪肝抹斜切成月牙形，中间穿孔，穿上一片肥肉条，封口（用马莲扎住）放葱、姜、料酒、糖喂口，用文火煮20分钟，出锅凉凉，斜刀切成片，形如凤眼，味甚美。

1956年，一家春粤菜馆完成公私合营。当年举办的“哈尔滨市公私合营商业饮食品优良品种展览会”上，一家春的多道名菜“龙母蟠桃”“六味豆腐”“红烧甲鱼”“龙穿凤衣”“挂丝鱼翅”等入选。同年，在黑龙江省饮食业公司举办的全省风味菜肴展览及全省厨师技术经验交流会上，一家春的多道菜肴参展。会后整理编写的《烹调知识与食谱》是目前已知的新中国成立后黑龙江省出版的第一本菜谱，其中收录有一家春的“六味豆腐”“红烧甲鱼”“咖喱鸡”“挂丝鱼翅”“蚝油鲍脯”“炒滑鸡球”“龙戏凤”“龙母蟠桃”“龙穿凤衣”等。

1957年，一家春并入三联饭店。一家春粤菜馆虽然只经营了4年时间，却传续了粤菜在哈尔滨的存在，它在广珍粤菜馆停业后，沿袭了其特色菜品，是老哈尔滨历史上最后一个粤菜馆。

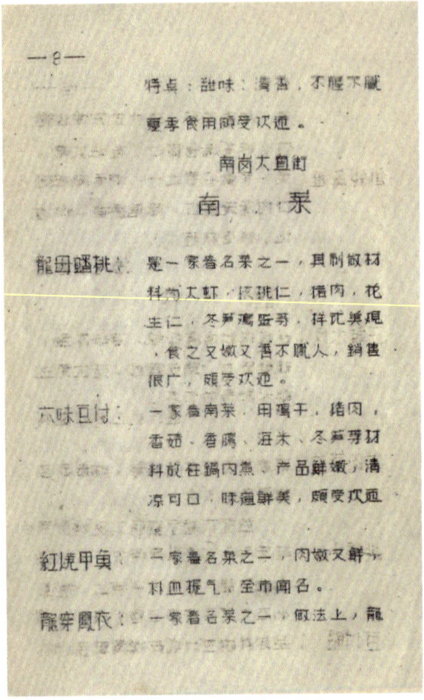
—8—

特点：甜味，清香，不腥不腻

夏季食用颇受欢迎。

南岗大直街

南　菜

龍田蟠桃：是一家春名菜之一，其制做材料为大虾，核桃仁，猪肉，花生仁，冬笋鸡蛋等，样式美观，食之又嫩又香不腻人，销售很广，颇受欢迎。

六味豆付：一家春南菜，用鸡干，猪肉，香菇，香腐，海米，冬笋等材料放在锅内煮，产品鲜嫩，清凉可口，味道鲜美，颇受欢迎

紅烧甲鱼：一家春名菜之一，肉嫩又鲜，补血提气，全市闻名。

龍穿鳳衣：一家春名菜之一，做法上，龍

◀ 1956 年《哈尔滨市公私合营商业饮食品优良品种展览会展品简介》中的一家春名菜

虽然“一家春”这一字号退出了历史舞台，但粤菜的传统却随着周士硕进入了国营松滨饭店，继续在哈尔滨延续着。

松滨饭店开业于 1957 年 4 月 20 日，是哈尔滨饮食业公私合营后第一个开业的国营饭店，地址位于道里区中央大街 71 号，与西十二道街交界的拐角处，首任经理为魏英杰。饭店开业时设有中餐、南菜、西餐、便餐四大部。其中，南菜部设在二楼，由两位资深厨师周士硕、陈茂松主理。周士硕负责粤菜，陈茂松负责江浙菜。

松滨饭店的粤菜有 50 余道，数量超过了一家春粤菜馆，这份菜单也是哈尔滨粤菜最全的一份记录：蚝油鲍脯、挂炉、龙穿凤衣、虾仁吐司、蚝油牛肉、一鸡三味、五柳鱼、窝贴明虾、酿冬菇、罗汉齐斋、鳝鱼丝、鳝鱼糊、冬瓜盅、冬菇凤翼汤、鸡蓉哈什蚂、鲜鱼活水、烤布丁、母子相会、碧玉珊瑚、云罗玉扣、棉花玉单、掌上明珠、舌战群儒、风流天子、野鹤卧龙床、清蒸甲鱼、霸王别姬、糟溜鱼片、糟溜鸡片、炒白件、银耳豆腐、豆豉蒸鸡、豆豉排骨、糖醋排骨、风干虾片、青菜虾片、奶油鱼肚、竹荪广肚、奶油菜胆、古老肉、棋子鸡、冬瓜腿、凤足冬菇、鸡什汤、火腿白菜汤、凤翼炖汤、三丝汤、萝卜鸭胗、蚝油冬菇、什锦龙肠、上汤广肚。

▲ 糟溜鱼片

20 世纪 70 年代末，松滨饭店将南菜单独分出，在道里中央大街 61 号开设了松光饭店，专营粤菜和江浙菜。这家南味馆一直经营到 20 世纪 90 年代初，此后，传承近一个甲子的传统粤菜在哈尔滨逐渐成为绝响。

▼ 国营松光饭店

西餐洋味风行

西洋餐饮与风味是外来饮食，却与哈尔滨这座城市的历史相伴相生，可谓与城市同龄。

晚清时期，“西学东渐”的过程也是“西食东渐”的过程。中国人开始睁眼看世界，也开始接触到外国饮食。19 世纪中叶，在列强盘踞的上海，近代中国西餐业逐渐兴起，最初流行的是英式西餐。

哈尔滨建城虽晚，西餐却后来居上，是中国西餐的发源地之一，西餐文化底蕴深厚，尤其是俄式西餐独步全国。

2017 年，中国饭店协会授予哈尔滨“中国西餐之都”的称号，追溯历史，哈尔滨获此殊荣可谓实至名归。

▼ 1900 年道里警察街上的俄国饭店

▼ 1902 年香坊气象站内附设饭店

19 世纪末，随着中东铁路的修建，大批俄国人进入哈尔滨，西餐业应运而生。如果从 1898 年俄籍格鲁吉亚人阿格列斯季在香坊田家烧锅院内开办第一个铁路员工食堂算起，西餐传入哈尔滨至今已有 120 多年的历史。

▼ 1902 年 12 月 15 日，俄国人在新埠头区（道里）雅勃格勃松私宅内开办哈尔滨商务俱乐部。这条街道后被称为商务街

▼ 1903 年 12 月 28 日，哈尔滨商务俱乐部迁入新楼（现道里区上游街哈尔滨科学宫），附设有饭店在一楼

▲ 格兰德旅馆是中东铁路管理局于 1905 年开办，是哈尔滨第一家豪华型旅馆，地址在南岗松花江街 8 号（新中国成立后为铁路招待所，现天竹宾馆址）。格兰德旅馆毗邻火车站，所在建筑为一栋三层欧式楼房，共有客房 44 间，设有浴室、餐厅、客厅、理发室、舞厅等服务设施。格兰德旅馆西餐厅很有名望，是哈尔滨开业较早的西餐厅之一，餐厅宽阔、华丽，厨师厨艺高超

▲ 20 世纪 20 年代格兰德旅馆餐厅

▶ 20 世纪 30 年代中央大街上的西餐馆

▼ 20 世纪 30 年代的哈尔滨西餐厅内部

哈尔滨的西餐发展有其独特之处。与当时中国其他城市不同，西餐在哈尔滨并非只是附属，而是占据了极为重要的地位，甚至一度与中餐平分秋色。

中东铁路建成后，哈尔滨迅速成为国际性商埠，先后有 40 多个国家的几十万侨民居住在这里，20 个国家在此设立领事馆，20 世纪 20 年代初，外侨人数最多时达到 20 万人，超过当时哈尔滨总人口的一半。20 世纪二三十年代也是哈尔滨西餐的鼎盛时期，高级西餐厅纷纷兴起，经营西餐的既有俄国人、希腊人、波兰人、德国人等，也有大批中国人。俄式、意式、希腊式、法式、英美式等西餐风味共聚一城。

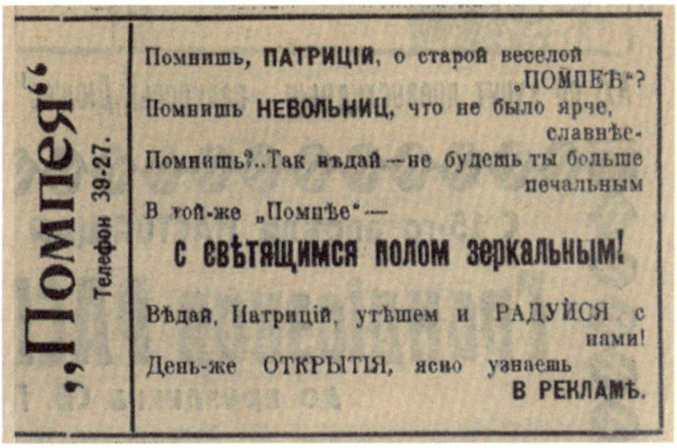

▸ 庞贝卡拉莱餐厅广告

▼ 20 世纪 20 年代，位于地段街 1 号“埃尔多拉多”宾馆楼下的“奥盟”卡巴莱餐厅，其每天的最佳节目是出色的爵士乐队表演，还有狐步舞以及其他舞蹈，餐厅设有单间和宴会大厅

20 世纪 20 年代，在哈尔滨广为流行的有歌舞表演的餐厅，就是当时的“卡巴莱”餐厅。

卡巴莱起源于 19 世纪的德国和法国，是一种包含喜剧、歌曲、舞蹈及话剧等元素的综合娱乐表演形式，盛行于欧洲。表演场地通常在设有舞台的餐厅或夜总会，观众围绕着餐台边吃边观看表演。

20 世纪 30 年代鼎盛时期，全市西餐经营场所有 260 多家，其中仅道里中央大街两侧就有近 40 家，数量为全国之冠。当时，著名的铁路俱

▲ 1928 年奥盟 OMOH 卡巴莱餐厅广告

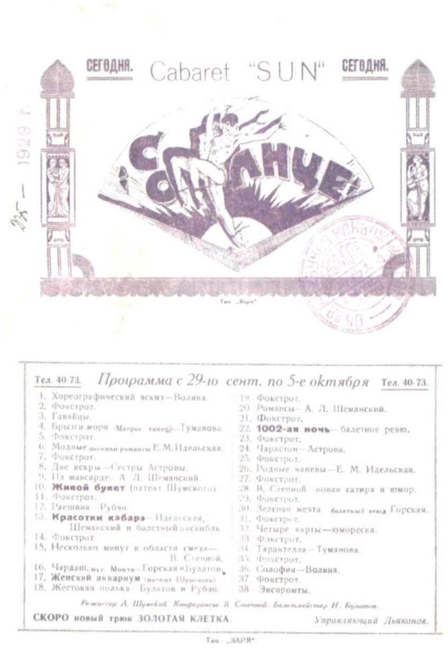

▲ “金太阳”卡巴莱餐厅节目单

▲ 20 世纪 30 年代哈尔滨“卡巴莱”餐厅的表演

乐部几乎每天都会举办高档西餐宴会，所制作的冷热菜品皆属上乘。在这里，俄式大菜名师林丕基及其徒弟张裕荣尽展厨艺，技艺非凡。20 世纪四五十年代，他们的烹饪水平甚至被苏联人认为已超越前辈。为此，苏联特别派人前往哈尔滨学习，并将整理好的讲义带回国内。大列巴、沙一克、红肠、格瓦斯、酸黄瓜、苏伯汤、罐牛、罐虾、烤奶汁鱼等俄式食品和菜肴已经深深融入哈尔滨人的日常生活，成为这座城市饮食文化中不可或缺的一部分。

▼ 红肠

▼ 20 世纪 30 年代日本画家所绘哈埠西餐厅

▼ 1940 年《满蒙风物即兴》介绍俄式西餐

▼ 秋林公司食品区

哈尔滨的西餐业不只是独立的西餐馆、咖啡馆，还诞生了啤酒、洋酒、面包、香肠、糖食、冷饮等西餐食品行业，每一个品类都有名店名品。

例如，1900 年在南岗花园街开办的乌卢布列夫斯基啤酒厂是中国第一家啤酒厂；同年在香坊开办的柴可夫斯基酒厂是哈尔滨第一家洋酒厂，生产酒精和伏特加；秋林公司附属的灌肠作坊开始制作欧式香肠。1902 年在道里面包街（现红专街）由希腊人开办的哈拉拉姆波夫面包铺是哈尔滨第一家面包厂。

俄式大菜是西餐中独具民族特色的美味佳肴，它和法国大菜一样在欧洲素负盛名。其菜肴营养丰富、味香色艳，使人观之食欲大振，食之饱餐不腻。

▼ 俄式红汤饺子

▼ 罐焖牛肉

俄式大菜重酸奶油，菜肴油大，口味突出咸、酸、辣、甜。在烹调上多用炒、煎、烤、焖、煮、铁扒、烩等方法，调味品多使用小茴香、月桂树叶、奶油、奶渣、酸黄瓜、洋葱、辣椒、柠檬等。

俄式大菜之所以能在哈尔滨落地生根，重要因素是俄式大菜相较于欧美其他国家的西餐，口味更浓重，酸甜咸辣俱全，尤其适合哈尔滨人的口味。朱自清先生曾在《哈尔滨游记》里描述过当时的哈尔滨俄式大菜："俄国大餐菜码大，且油重，很适合国人的口味。"

俄式大菜被称为大菜，也因为其菜式种类繁多，凉菜、汤菜、水产类、肉类、野味类、禽类、面盘、菜盘、甜菜等，有记载的就有500多种。

俄式大菜对原料、配料的要求严格、讲究，其中有些原料是制作俄式

▼ 哈尔滨俄式大菜

◀
红鱼子酱

▶
焗烤牛肋排

◀
烤奶汁鳜鱼

▶
炸板虾

▲ 20 世纪 30 年代西餐厅内

大菜不可缺少的，如西米旦、少克汤、西餐面酱等。这些专用的用料直接关系到俄式大菜的口味，更是检验俄式大菜是否正宗的关键标准。

按照西餐宴会上菜程序，哈尔滨传统俄式大菜菜式盘点如下：

冷盘有土豆沙拉、拌香鸡、酸黄瓜、渍香瓜、香梅酱、鱼子酱等，面包有沙一克、大列巴等，汤有红汤、奶油蘑菇汤等，鱼有烤奶汁鳜鱼、清煎大马哈鱼等，虾有炸板虾、罐焖大虾等，肉有罐焖牛肉、罐焖羊肉等，野味有烤原汁山鸡、串烧鹿肉等，鸡有铁扒鸡、烤酿馅小鸡等，面盘有油炸包、奶渣饼等，素菜有法国蛋、白菜卷等，点心有马林果糕、炸气鼓，饮料有格瓦斯、布扎等。

百年来，俄式西餐及欧式食品一直在哈尔滨存续，成为哈尔滨人味蕾的记忆和饮食文化的骄傲。

从铁路食堂到铁路俱乐部

哈尔滨作为一座现代城市的发展，始于1898年中东铁路的修筑。而哈尔滨最早经营西餐的场所也与铁路相关。

1898年，上千名来自沙俄的铁路工程技术人员先后来到哈尔滨，香坊是他们落地哈尔滨后的聚居地，餐饮服务业同步出现。

俄籍格鲁吉亚人阿格列斯季在香坊田家烧锅院内开办了第一个铁路员工食堂，专门为俄籍筑路员工服务。这是哈尔滨第一次出现西餐。

同年，中东铁路食品店开办，专门经营从哈巴罗夫斯克（伯力）和符拉迪沃斯托克（海参崴）运来的俄国货品。啤酒、伏特加、香肠、西点等欧式食品第一次作为商品出现在哈尔滨。

1899年1月6日，中东铁路工程局开办了临时铁路俱乐部，当时仅两间草房，只有娱乐活动，没有餐饮服务。

随着铁路建设的有序推进，聚集的外侨越来越多，其中也不乏“淘金者”。1900年，格鲁吉亚人嘎玛尔杰里在香坊开办了一家旅馆，并同时开设了名为“别里弗尤”的歌舞咖啡馆。这是哈尔滨第一家西洋娱乐场所，西洋歌舞与音乐也是第一次出现在哈尔滨。

▼1900年，香坊的嘎玛尔杰里旅馆和“别里弗尤”歌舞咖啡馆

▼ 20 世纪 20 年代中东铁路俱乐部

▼ 中东铁路俱乐部俄方管理人员

▼ 1921 年中东铁路俱乐部厨房人员合影

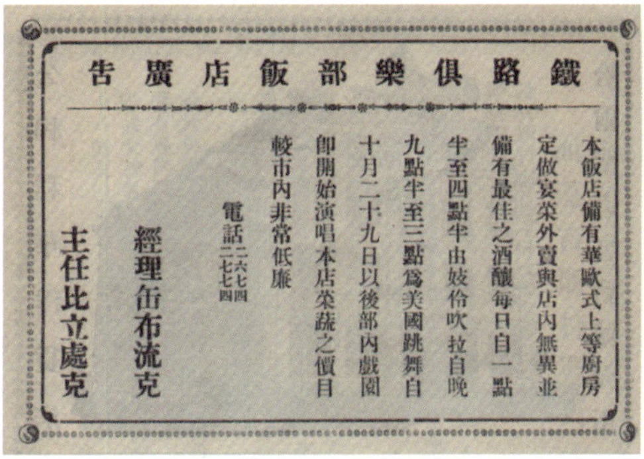

20 世纪 20 年代铁路俱乐部饭店广告

1905 年 3 月 9 日，中东铁路俱乐部迁至新市街要紧街（现耀景街），并开始附设西餐厅。由于其官办身份，自诞生之初，它就承担着中东铁路管理局的招待宴请使命。

从满足基本温饱需求的“铁路食堂”，到注重宴饮文化的“铁路俱乐部”，哈尔滨的西餐业实现了升级，迈入了一个新的发展阶段。

1911 年 12 月 2 日，中东铁路俱乐部新楼在西大直街落成。这座建筑呈折中主义风格，由设计师康・赫・杰尼索夫设计。俱乐部从要紧街迁入新址，并举行了隆重的开幕典礼。此后的半个世纪，它见证了很多影响哈尔滨历史进程的重大事件。

新楼落成后的中东铁路俱乐部，集会议、餐饮、娱乐、演出等多种功能于一体，成为当时哈尔滨重要的文化与社交中心，也是哈埠举办大型西餐宴会规格最高的场所。

各国领事的招待会、外交使团的接待活动、政要高官的就职与升迁庆典等，凡是重要且大型的宴会，多半都在此举办。

中东铁路俱乐部不仅能举办大型西餐宴会，还提供中餐宴饮服务，并开展外会（外出做菜、开酒席）业务。俱乐部设有专门的餐厅，用于接待散客。而 50 人以上的大型宴会，则一般选择在剧场内举办。

哈尔滨大饭店通常都“中西兼备”，中东铁路俱乐部也不例外。其“华欧式上等厨房”设施一流，厨师团队更是实力雄厚。迁入新楼后，“崴

哈尔滨西餐老师傅刘希尧尤其擅长奶油花的制作

子派”厨师成为中东铁路俱乐部餐厅的主力军。一直到20世纪20年代初，他们还保持着海参崴时期的装束和形象。那一匣精致的厨刀，不仅见证了他们的技艺传承，更开辟了中国厨师在哈尔滨西餐业的荣耀之路。

曾经在中东铁路俱乐部工作的名厨有林丕基、张裕荣、王佐才等。

20世纪20年代中期至20世纪30年代中期，哈尔滨的西餐技艺愈加成熟，达到高峰。中东铁路俱乐部几乎每天都举办高档西餐宴会，洁白桌布覆盖的宽广餐台上，陈列着精美的冰花、糖花、奶油花等摆台造型，雕刻成山水、花鸟、楼阁等图案，华丽壮观。所出西餐菜点，无论冷热，皆为上品。

中东铁路俱乐部餐厅的外廊，可以看到室外贝壳剧场

中东铁路俱乐部餐厅内部

1935 年，中东铁路俱乐部餐厅曾由中国人徐天华承包经营。

1945 年，苏联红军进驻哈尔滨。这一时期，哈尔滨的苏联军政、交通人员数量大幅增加，苏军经常在此举办各种宴会活动，吸引了众多西餐厨师汇聚于此。

1952 年 12 月 31 日，中长铁路交接仪式在中东铁路俱乐部隆重举办。当晚 8 点，俱乐部内还举办了盛大的招待会和晚宴。

▼ 1929 年中东铁路督办吕荣寰在俱乐部剧场宴请上海记者团

▼ 1924 年波兰使团在中东铁路俱乐部举办宴会

摩登大街上的西餐名店

哈尔滨最摩登的地方，一定是中央大街区域。这里洋商洋行林立，洋货潮品云集，更少不了满街的洋食洋味，充斥着浓郁的异域风情。

中央大街是哈尔滨西餐厅、咖啡馆最多的地方，无论是在历史上还是现在皆是如此。

20 世纪第一个十年，当街容街貌尚显简陋时，这里就已经了出现经营西餐的饭店。例如，位于中央大街与商市街口的“交易所饭店”，日本街和东商市街之间的“新西兰小吃铺”，以及位于商务街的“基什聂夫旅馆”附设饭店，都是在 20 世纪初开办的。到了 20 世纪 30 年代的全盛时期，仅中央大街两侧就有近 40 家经营西餐的各种类型餐饮场所，数量为全国之冠。

▼ 20 世纪 20 年代的中央大街

20 世纪初商务街上的“基什聂夫旅馆”，1904 年由比利时籍格鲁吉亚犹太人基什聂夫开办，其附设有餐厅，经营高加索风味西餐。1922 年原址重建为“阿斯托利亚旅馆”，20 世纪 30 年代改为“马尔契亚内奇饭店

20 世纪初中国大街上位于此座平房中的“新西兰小吃铺”

20 世纪初中国大街与商市街街角，“交易所饭店”位于二楼

马迭尔旅馆餐厅

中央大街上最大、最有名的西餐厅首推马迭尔。

1913 年，约瑟夫·卡斯普集巨资在当时的中国大街与蒙古街（现西七道街）交口处兴建一座集旅馆、饭店、剧场于一体的大型豪华旅馆，并正式落成开业。之后，他又买下南邻和东邻的地块，于 1921 年扩建了南楼。至此，马迭尔旅馆横跨中国七道街至中国八道街，成为中央大街的标志性建筑。1931 年，马迭尔旅馆又扩建了后楼，进一步扩大营业面积。

▲ 1918 年前后的马迭尔旅馆，左侧门头上是马迭尔咖啡馆的俄文

▸ 1914 年马迭尔西餐厅广告

▲ 20 世纪 20 年代马迭尔广告

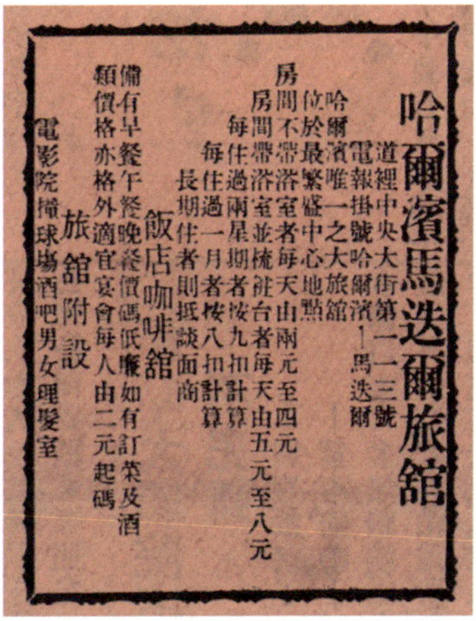

▲ 1938 年哈尔滨马迭尔旅馆广告

餐饮是马迭尔旅馆重要的组成部分，设有西餐厅、咖啡馆、美国酒吧、夏日游廊餐厅、冬日棕榈餐厅等不同餐饮空间，以满足不同顾客的餐饮需求。此外，舞厅也提供餐饮服务。

1913 年马迭尔旅馆开业后，马迭尔西餐厅随之向客人提供服务。

▼ 马迭尔西餐厅

马迭尔咖啡馆和酒吧率先营业，备有冷热菜肴、冷饮及来自法国和俄国的年份葡萄酒，每周三、周五有演出，最早演出的是室内三重奏。

20 世纪 20 年代后期，中国经理人承包旅馆餐厅，中国厨师成为餐厅主力。

马迭尔旅馆餐厅和厨房的设施、设备非常完备，在哈尔滨属一流，为客人提供“绝对新鲜、健康、美味的餐桌食物”。餐厅的酒窖藏酒丰富，在社会上享有很高声望。此外，还设有独立的包间，且价格适中。午餐和晚餐期间还有音乐演出相伴。

▼ 1926 年，伊萨克·索斯金的婚礼晚宴在马迭尔举行

▼ 1934 年拉脱维亚协会在马迭尔举办庆祝独立宴会

▲ 夏日游廊餐厅，现马迭尔冷饮厅

▶ 马迭尔咖啡馆，惬意的下午茶时间

马迭尔作为闻名的旅馆和饭店，堪称哈尔滨西餐文化的集大成者，供应俄式（包含波兰、高加索等东欧地区）、法式、英美式大菜，甚至还有日本料理。

哈尔滨有记录的西餐菜点多达三百余种，而马迭尔一家就提供了超过二百种。

从目前发现的马迭尔西餐菜谱来看，其菜品种类极为丰富，凉菜 55

23. Ham
24. Westphalian Ham
25. Minced Eggplant
26. Red Caviar
27. Pressed Caviar
28. Fresh Caviar
29. Local Fish, Mayonnaise
30. Jellied Fish
31. Marinated Fish
32. Vinaigrette of Fish
33. Balik of Local Fish
34. Balik of Sturgeon
35. Salmon
36. Sturgeon, Mayonnaise
37. Sturgeon with Horseradish
38. Meat Pastry
39. Chicken Liver Pastry
40. Fromage
41. Forshmark
42. Turkey
43. Duck
44. Goose
45. Chicken
46. Veal
47. Mutton
48. Roast Beef
49. Tongue
50. Olives
51. Local Cheese
52. *Butter
53. *Fresh Cucumbers (according to season)
54. *Salted Cucumbers (per piece)
55.
56.
57.
58.
59.
Hot appetizers:
60. Creamed Mushrooms
61. Kidneys a la Meuniere
62. Sausages in Tomato Sauce
63. Liver in Cream
64. Fried Herring
65. Forshmark a la Dragomiroff
66. Coquille of Local Fish
67. Coquille of Sturgeon
68. Solyanka a la Moscovite
69. Ham with Mustard

◀ 20 世纪 30 年代马迭尔西餐菜谱

种、热菜 23 种、汤 11 种、鱼 8 种、肉菜 58 种、主食 4 种、蔬菜 7 种、甜品 39 种，共有超过二百种菜点。据俄侨伊戈尔·狄格莱西亚回忆，她的姑姑曾在 1918 年至 1930 年间在马迭尔餐厅工作，当时餐厅里有牛蛙、鹅肝、蜗牛，还有法国黑松露。这些高档食材每年从 11 月至次年的 4 月都可以保障供应。

哈尔滨历史上西餐厅众多，自 1898 年至 20 世纪 40 年代，先后有数百家之多，但是大型、高级西餐厅还是占少数，其中与马迭尔同级别的西餐厅仅有中东铁路俱乐部西餐厅、埃迭姆西餐厅、普利茅斯旅馆西餐厅、游艇俱乐部、水上饭店等十数家。但因时代变迁，这些著名西餐厅逐渐消失在历史长河中，只有马迭尔西餐厅沿袭到现在。从 1913 年开业至今，其 110 多年的历史，也是波澜壮阔的哈尔滨西餐发展史的缩影。

高加索风味餐厅

中央大街不仅是哈尔滨西餐文化的象征，也是“高加索风味”餐厅的聚集地。哈尔滨最早的烤串，就是高加索烤串。其中较为知名的有塔道斯、伊维利亚、卡兹别克、欢迎饭店、基斯利扬饭店、民生饭店等。

高加索风味是指高加索地区流行的菜肴，主要来自格鲁吉亚、亚美尼亚以及俄罗斯西南部地区。其最具代表性的就是高加索风味烤肉，有串烤羊肉、串烤鸡肉、串烤鱼肉等。高加索烤肉源自土耳其的炭火烤肉，约 18 世纪中叶传入高加索地区，随后又传入俄罗斯。到了 19 世纪末，随着中东铁路的修建和通车，许多来自高加索地区的格鲁吉亚人、亚美尼亚人也来到哈尔滨淘金。1904 年，他们聚集的老埠头三道街正式被命名为“高加索街”。他们在哈尔滨开设西餐馆，经营高加索风味美食，其中以塔道斯和伊维利亚最为有名。

塔道斯西餐厅于 1926 年开业，位于中国大街与东商市街（现西五道街）拐角处的别尔科维奇大楼地下室。

塔道斯创始人塔道斯·格里高利耶维奇·捷尔-阿克鲍夫，高加索人，1876 年出生在亚美尼亚，1900 年来到哈尔滨，他堪称哈尔滨西餐业的先

▶
塔道斯

◀
20 世纪 30 年代中央大街上的塔道斯

Ф. И. Шаляпин — о „Татосѣ“.

Портрет переданный владѣльцу «Татоса» с надписью великого артиста.

▲ 1936 年世界歌王夏里亚宾世界巡演哈尔滨演出期间。品尝过塔道斯的菜肴后称赞“味道好极了”并赠予照片留念

▲ 1938 年塔道斯酒厂和餐厅广告

驱。1901 年他在香坊嘎玛里捷利旅馆内开设了一家小饭店，这家小饭店是哈尔滨第一家高加索风味店。

1920 年，已经完成原始积累的塔道斯，在马家沟塞尔维亚街（现南岗区光芒街）7 号创办了首家葡萄酒酿造工厂，以地产红葡萄和山东白葡萄为原料，自酿葡萄酒和白兰地，并备酒窖储藏、销售。这些酒品以其味美醇香、回味绵长而闻名遐迩。

随后，他又在道里面包街（现红专街）45 号、卡皮道尔影剧院旁边开办了以自己名字命名的“塔道斯”饭店。这家饭店规模更大，以独特的高加索烤肉风味驰名，并有“西洋美女陪伴跳舞，乐队伴奏”的娱乐项目，盛极一时。

1926 年，塔道斯将饭店迁至别尔科维奇大楼地下室，按欧洲一流标准装修一新，店内环境典雅舒适。宴会大厅可以容纳 150 ~ 200 人同时用餐；摩尔风格中型宴会厅可以容纳 30 ~ 40 人同时用餐；另有小型包房可以容纳 10 ~ 15 人同时用餐。经营特色上高调地主打高加索风味烤羊肉串。顾客还可品尝塔道斯的自酿美酒，伴着乐队轻柔的音乐翩翩起舞。饭店名气越来越大，吸引了大量食客。

1947 年，塔道斯离开了他生活近半个世纪的哈尔滨，先是在上海生活了一段时间，后于 20 世纪 60 年代回到苏联。20 世纪 70 年代末，他在第比利斯去世，享年约 100 岁。

塔道斯饭店之后由中国人吴隆宽接手，改名为联谊饭店，经营至 20 世纪 50 年代初。

▶ 阿斯别疆·卡拉别特·斯捷潘诺维奇

伊维利亚烤肉店于 1924 年开业，店主为出生于高加索地区的亚美尼亚人阿斯别疆·卡拉别特·斯捷潘诺维奇，餐厅位于道里中央大街与霞曼街交口大楼地下室。

伊维利亚是地名，古代格鲁吉亚东部称呼。阿斯别疆出生在此，他以此命名，是为了怀念家乡。店内墙壁上绘制着高加索地区的风光，窖藏红酒的商标也以高加索山中的古堡为图案。

▶
20 世纪 30 年代伊维利亚烤肉店日文广告册

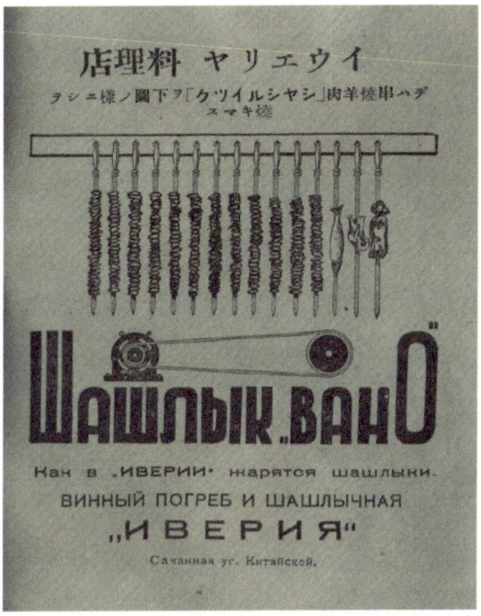

▼ 20 世纪 30 年代中央大街与霞曼街交口伊维利亚烤肉店

阿斯别疆不仅是一位成功的餐饮经营者，还是名糖果糕点技师。他于1903年来到哈尔滨，并在20世纪20年代初开设了自己的糖果点心店。1937年，他将点心店转卖给了马尔斯巧克力糖果厂的老板楚吉尔曼。

伊维利亚烤肉店的高加索风味烤羊肉串在哈尔滨享有盛誉，20世纪30年代也是来哈尔滨观光游客打卡必吃的餐厅。为了吸引日本游客，餐厅还特别聘请会说日语的女服务员。店主阿斯别疆从土耳其引进电动烤肉机器，旋转烤制，曾轰动一时。日侨加藤淑子曾回忆：伊维利亚是一家设有很多雅座的肉串专营店。服务生会把羊肉串放在炙热的铁板上端上来，店内主打颇具野性的高加索料理。

20世纪30年代，伊维利亚的厨师团队以中国厨师为主，名厨栾钦、桂宝芝、王佐才、张宝清等都在此工作过。

1945年，阿斯别疆下落不明。1947年，餐厅由中国商人唐文治接兑，更名为怡城饭店，经营至1956年公私合营。

卡兹别克饭店于20世纪20年代中期开业，地址在中央大街75号与中国十一道街交口大楼地下室，其店名取自格鲁吉亚境内大高加索山脉最高峰

◀ 欢迎饭店入口处

▼ 中央大街与西十一道街交口处的欢迎饭店

之一的卡兹别克山。1932 年，由中国人刘应河接手经营，俄文店名改为“新卡兹别克”，中文名为“欢迎饭店”，由俄籍经理 A.E. 兹洛宾负责管理。

欢迎饭店是一家带舞厅的高级西餐厅，以精美的俄式菜肴和高加索烤串闻名全市，有多种进口、国产葡萄酒供顾客选择。每晚 8 点以后，饭店内会有音乐伴奏，阿拉希格瓦五人爵士乐队常驻演出，同时有西洋舞女陪伴客人共舞。欢迎饭店一直持续经营到 20 世纪 40 年代末。

▲ 1934 年 12 月 27 日《哈尔滨时报》刊载欢迎饭店为迎接 1935 年到来的广告

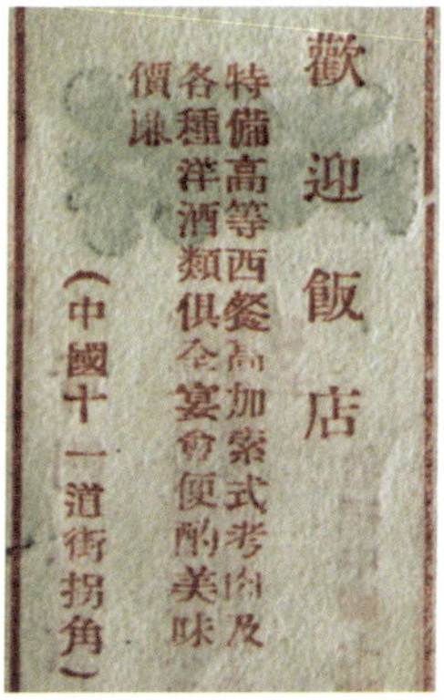

▲ 1946 年 3 月 2 日《幽兰周刊画报》刊载欢迎饭店广告

▼ 1937 年 4 月 9 日欢迎饭店开幕五周年纪念

爱尔米斯餐厅

中央大街上还有一家著名的希腊餐厅——爱尔米斯，地址在中央大街212号与商务街交口处。

老板鲍勃·杜布洛斯是希腊人，出生于1893年。1918年，他来到哈尔滨，在道里的面包街与人合伙开设了一家面包房。1922年，他再次与人合伙，成立了爱尔米斯公司，并在中央大街开设了一家食品咖啡店。随着业务的扩展，后来逐渐增加了西餐服务。1933年，他开始独资经营这家公司，直至1950年。

▶ 鲍勃·杜布洛斯

▼ 爱尔米斯店面从中央大街口延伸到商务街

爱尔米斯食品咖啡店主营各种欧洲食品，品种繁多，有进口和国产葡萄酒、五花八门的各地食品、各种口味的糕点和面包、咖啡、巧克力糖果等。来自欧洲的点心师可以根据客户需求为顾客定制大蛋糕、馅饼，以及各种水点心。1925 年，还增加了冷饮、冰淇淋和酸奶等产品。

爱尔米斯餐厅主营地中海风味的菜品，以意大利菜见长，更以希腊风格著称。鼎盛时期，餐厅还设有舞厅，并有爵士乐队驻场演出。

中央大街区域名店众多，历史留名的还有水上饭店、扎朱敖威、米尼阿久尔、维多利亚、马尔斯、莫斯科、开罗饭店、金山饭店、伦敦饭店、屋顶饭店、罗戈金斯基饭店、迎春饭店、密斯饭店、美国饭店、东世界、大世界、大洋餐厅、三民饭店、奥谢普科夫、新明饭店、乌克兰饭店、巴黎饭店、国际饭店、马尼拉饭店、松格里饭店等。

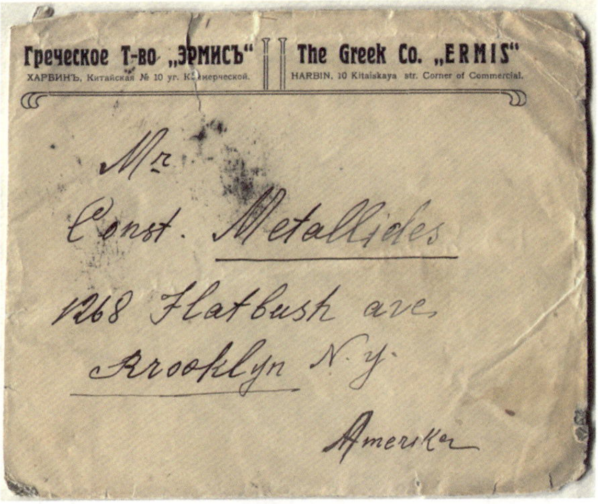

爱尔米斯信封

爱尔米斯广告

华梅西餐厅

20 世纪 50 年代后期，随着外侨的陆续离开，以及饮食业逐步进入国营时代，很多西餐馆纷纷关闭。

1958 年，“公私合营华梅西餐饭店”和“公私合营新明饭店”两家西餐馆合并组建新的“华梅西餐厅”，10 月 1 日在原马尔斯咖啡馆旧址开业，成为当时哈尔滨唯一一家西餐厅。

被并入的新明饭店本身也是一家历史悠久的西餐名店。其前身为俄侨奥谢普科夫 1927 年开办的“奥谢普科夫餐厅”。1941 年，山东平度人傅仁斋和阎英俊接兑，更名为“新明饭店”。

1956 年 2 月，新明饭店实行公私合营，合并了几个小西餐馆。在当年举办的哈尔滨市公私合营商业饮食品优良品种展览会上，公私合营后的新明饭店展示了高加索串烧羊肉、铁扒小鸡、奶汁鳜鱼、口蘑里脊等名菜。

新中国成立后，哈尔滨向全国输送了一批优秀西餐厨师。1952 年后，又有一批厨师进入省、市接待单位，如国际旅行社（现国际饭店）和哈尔滨旅社（马迭尔旅馆）。

▼ 20 世纪 80 年代初的华梅西餐厅

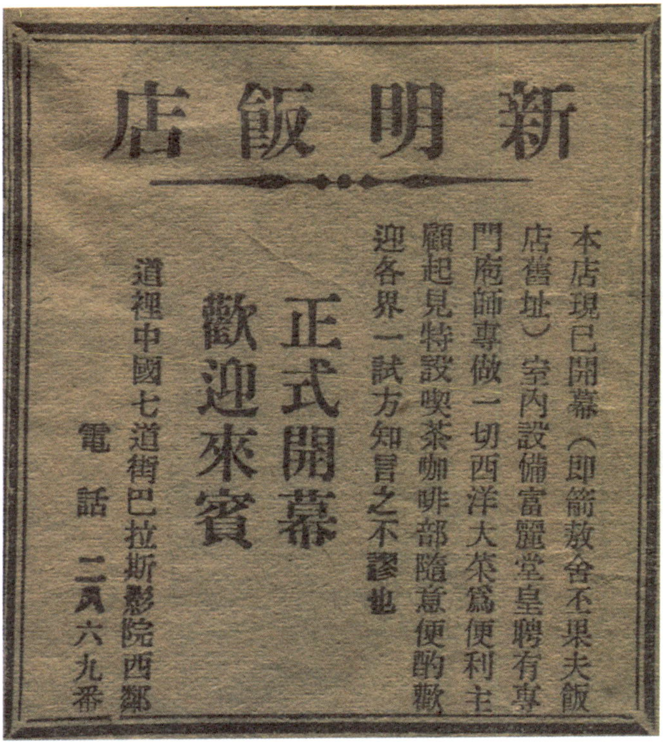

1941 年 2 月 30 日《大北新报》刊载新明饭店开幕广告

华梅西餐厅的组建，是对哈尔滨西餐业的最后一次重组，汇聚了当时剩余的西餐人才。

首任公方经理张永璘和私方经理李兆梦，两人都是西餐内行，熟悉业务。全体职工从事西餐工作多年，他们都是各自岗位上的骨干，技艺精湛，经验丰富。

新开业的华梅西餐厅集哈尔滨俄式大菜之大成，品种繁多，操作精细，设备良好，服务周到，成为哈市饭店业的先进单位。

20 世纪 80 年代，华梅西餐厅经历了三次扩建，从当年的平房转变为三层楼的建筑，营业面积扩大了几倍，进入了一个新的阶段。

在华梅西餐厅开业后的二十多年里，它一枝独秀，承载着很多老哈尔滨人的美好记忆。至今，每天上午在华梅西餐厅前排队购买“塞克”面包的人群，已经成为中央大街上的一道独特风景。

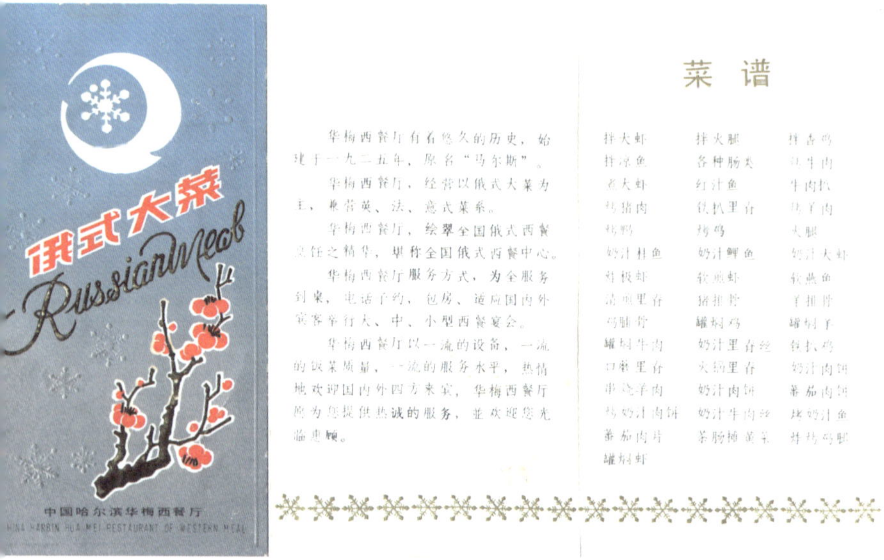

华梅西餐厅有着悠久的历史，始建于一九二五年，原名“马尔斯”。

华梅西餐厅，经营以俄式大菜为主，兼营英、法、意式菜系。

华梅西餐厅，绘翠全国俄式西餐烹饪之精华，堪称全国俄式西餐中心。

华梅西餐厅服务方式，为全服务到桌，电话予约，包房、适应国内外宾客举行大、中、小型西餐宴会。

华梅西餐厅以一流的设备，一流的饭菜质量，一流的服务水平，热情地欢迎国内外四方来宾，华梅西餐厅愿为您提供热诚的服务，并欢迎您光临惠顾。

菜谱

拌大虾	拌火腿	拌香鸡
拌凉鱼	各种肠类	[illegible]牛肉
煮大虾	红汁鱼	牛肉扒
烤猪肉	铁扒里脊	烤羊肉
烤鸭	烤鸡	火腿
奶汁桂鱼	奶汁鲫鱼	奶汁大虾
炸板虾	软煎虾	软煎鱼
清煎里脊	猪排骨	羊排骨
鸡[illegible]骨	罐焖鸡	罐焖羊
罐焖牛肉	奶汁里脊丝	铁扒鸡
口蘑里脊	火锅里脊	奶汁肉饼
串烧羊肉	奶汁肉饼	番茄肉饼
烤奶汁肉饼	奶汁牛肉丝	烤奶汁鱼
番茄肉片	茶肠摊黄菜	炸烤鸡腿
罐焖虾		

▲ 1985 年华梅西餐厅菜谱

▼ 20 世纪 90 年代华梅西餐厅一楼

俄侨在哈尔滨生活的见证：俄侨菜

哈尔滨不仅有俄式西餐，还有俄侨菜。

一百多年来，先后有几十万苏俄侨民在哈尔滨生活、工作、定居，他们在这片中国土地上度过了漫漫时光。历经岁月的沉浮，俄侨们的日常饮食和生活习惯逐渐融入了哈尔滨人的生活，并与本地文化相互影响。俄式餐点的做法也在适应哈尔滨中外交融的特色口味过程中，潜移默化地发生着改变。

俄侨菜作为哈尔滨俄侨的家庭饮食和独特风味，经历了初代侨民饮食的本真传承，到二、三代侨民逐渐本土化的过程，最终演化成了中西交融的哈尔滨俄侨菜。时光无声流逝，但这些菜肴却历久弥香，愈发珍贵。随着一代代俄侨的离去，如今在这座城市里，恐怕只有老俄侨后裔娜塔莎阿姨还掌握着这些哈尔滨俄侨菜的传统做法。

▼ 20 世纪 50 年代娜塔莎一家合影

1927年，娜塔莎阿姨的姥姥索菲亚·鲁克维诺娃跟随中国姥爷从海参崴移居到了哈尔滨，1967年独自回苏联定居。姥姥在哈尔滨生活的四十年间将厨艺传给了女儿列娜，并由她发扬光大。

20世纪50年代，列娜成为苏联驻哈尔滨总领事的厨娘，她烹制的菜肴深受领事的喜爱与认可，并一直为领事服务至其回国。列娜与留在哈尔滨的侨民一同在第二故乡延续着每一个俄罗斯传统节日，保留着聚餐和分享美食的传统。列娜的家，也成为老俄侨们最常聚会的地方。一直到20世纪90年代，列娜一家始终关心、照顾着哈尔滨最后一批老俄侨的生活，她的美味菜肴陪伴着老俄侨们度过了他们的晚年岁月。

1951年，娜塔莎阿姨在哈尔滨出生，她继承了姥姥和母亲优秀的厨艺。作为俄侨菜的嫡系传人，娜塔莎阿姨烹制的美味佳肴在哈尔滨俄侨后裔及俄罗斯侨民中享有极高的声望。几十年来，娜塔莎阿姨用家传的厨艺，延续着俄侨们对乡愁之味的眷恋，传颂着故乡的优雅与百年芳香。

俄侨菜的代表菜点包括家庭红汤、家庭沙拉、俄式渍菜、老俄侨渍菜酱、原汁菜卷、肉饼、馅辣椒、蒜香猪排、百年焖烤鹅、油炸包、水点心、奶渣饼及俄侨面包等。

►
列娜在苏联驻哈尔滨领事馆内

▼ 20世纪30年代娜塔莎阿姨表哥扎伊卡一家的复活节家宴

▲ 老俄侨古法煮咖啡

▲ 老俄侨家常肉饼

▼ 老俄桥家常菜卷

▼ 老俄桥家常沙拉

▲ 哈尔滨俄侨菜传人娜塔莎阿姨

▲ 牛肉粉丝馅油炸包

油炸包是俄罗斯的一种传统小吃，其包子皮类似于面包，需要经过发酵；包子馅则需要炒制，制作过程相对复杂。油炸包的馅料种类多样，包括肉馅、土豆泥馅、果酱馅等。

历史上，哈尔滨的很多西餐厅都曾售卖过油炸包。早在20世纪40年代时，油炸包就已经作为早点开始销售。1943年3月5日的《大北新报》就曾报道："新明西餐饭店，早餐新添西洋包子。"新明饭店并入国营西餐厅后，油炸包也随之成为了国营西餐厅的特色品种之一。到了20世纪80年代初，在中央大街上仍然可以看到传统油炸包的身影，很多老哈尔滨人至今仍对它念念不忘。

娜塔莎阿姨家传三代的"油炸包"与西餐厅的有所不同。她家的馅料是原创的独家配方，特别是"牛肉粉丝馅"中加入了中国绿豆粉丝，口感层次丰富，味道鲜美独特，充满了哈尔滨的地方特色。

松花江畔，江景与美味共享

松花江是哈尔滨的母亲河，这座城市依江而建，因路而兴。1898 年 6 月 9 日，中东铁路副总工程师依格纳齐乌斯、第九段段长希尔科夫等人乘“布拉戈维申斯克”号轮船抵达哈尔滨，停靠点就是现在道里九站处。为了方便转运筑路员工和器材，哈尔滨最早的火车站“埠头站”就设在现友谊宫处。

1912 年，中东铁路投资兴建的游艇俱乐部在九站处落成，并在其周围建有绿地，形成了最初的“江沿公园”。1938 年，江沿公园扩建，改名为松花江畔公园。在扩建过程中，拆除了部分原有的铁路专用线，铺设了路面，栽种了树木和花草，并修建立体花坛，配以路灯。与此同时，公园内还特别建造了两座观光餐厅，公园饭店和江畔餐厅。

游艇俱乐部、江畔餐厅、公园饭店呈一线分布在哈尔滨最美的松花江段沿岸及斯大林公园内。夏日里，在树荫的掩映下，它们风姿绰约，共同构成了松花江畔一道亮丽的风景线，优雅地矗立于江边，陪伴了几代哈尔滨人度过无数难忘的时光，留下了无数美好的记忆。

▼ 夏日松花江上

游艇俱乐部

游艇俱乐部，根据俄语音译又被称为“亚道古鲁布”，于1911年筹建，1912年建成，是松花江右岸最早的休闲娱乐餐饮场所。

游艇俱乐部最初是专供中东铁路高级职员及家属使用的休闲娱乐场所。1926年，东省特别区市政管理局局长马忠骏成为游艇俱乐部的名誉主席。主席由中东铁路管理局副局长艾斯孟特担任。

▼ 1934年拉脱维亚协会在游艇俱乐部举办宴会

▼ 20世纪20年代从江上看游艇俱乐部

▲ 20 世纪 30 年代末游艇俱乐部

▲ 游艇俱乐部临江木廊

▲ 游艇俱乐部室内舞会

1949 年，东北铁路总工会将俱乐部收归铁路所有，并于 1950 年改名为“哈尔滨铁路江上俱乐部”。

游艇俱乐部可以举办大型西餐宴会，其夜晚舞会和夏季冷餐会颇负盛名。名厨鹿其先、杨兰、刘希尧等先后在此工作，宴会必备的炭烤乳猪是其招牌。凉菜品种繁多，冷饮也是出类拔萃。在娱乐方面，中东铁路俱乐部的交响乐团乐师会在夏季驻场演出。此外，哈尔滨各爵士乐队也经常在此为舞会伴舞。

公园饭店

1938 年，江沿公园扩建为松花江畔公园，作为公园公共设施之一的公园饭店也随之兴建，该饭店也被称作“观光亭”。

公园饭店始建于 1938 年 6 月，并于同年 8 月竣工。它由日籍建筑师大谷周造设计，整体建筑为一层，采用了俄罗斯传统风格的设计元素。

在 1938 年至 1945 年期间，公园饭店主要提供咖啡、汽水等冷热饮料以及简便的西餐。

新中国成立后，公园饭店被收归国有，并改名为“松花江冷食店”。到了 20 世纪 80 年代后，餐厅曾更名为“斯大林公园第二餐厅”，并一直营业至 2016 年的夏季。

经过 2023 年的修缮，餐厅焕然一新，并更名为“坎卡德”。如今这里主要经营咖啡、面包、冷饮及简餐。

▼ 建成不久的公园饭店

▼ 1958 年，《哈尔滨档案》作者玛拉·穆斯塔芬于哈尔滨公园饭店前留念

▼ 20 世纪 60 年代松花江冷食店时期

江畔餐厅

江畔餐厅作为哈尔滨一类保护建筑和著名历史餐厅，不仅是哈尔滨餐饮文化的名片，更是重要的文化地标之一。

江畔餐厅的历史可追溯至1930年之前，当时其主体建筑是松花江畔铁路货场的一处仓储用房。据老俄侨回忆，货运工人曾在这处房子内休息和用餐，房子中间有一个大炉子，可以烤面包。

到1938年，江沿公园扩建为松花江畔公园，由日籍建筑师大谷周造设计，在原有仓库建筑基础上将其改建为餐厅，供游客观光、休憩和就餐。

江畔餐厅最初名字为“小亚道古鲁布”，来自俄文译音，意为“小游艇俱乐部”，主要出售简便西餐和冷饮品，深受游人欢迎。20世纪50年代，江畔餐厅进入了“国营时代”，最初名为“江畔食堂”。20世纪60年代中后期，改名为“江畔餐厅”，沿用至今。20世纪80年代，随着改革开放，江畔餐厅也迎来一段黄金时期，很多哈尔滨人还对那时在江畔餐厅用“玻璃罐头瓶”装生啤酒、喝啤酒记忆犹新。

2017年，江畔餐厅经过五个月的修缮，按照老照片，恢复成1938年成为餐厅后的模样。这次修缮不仅保留了建筑的历史风貌，还深入挖掘并恢复了十几道哈尔滨西餐历史名菜，有“犹太肉”“玛琳娜它”“冷熏鳇鱼”“波兰鱼”“铁扒鸡”“俄式烤奶猪”等。此外，餐厅还推出多道特色

▼ 20世纪30年代末江畔餐厅

▼ 1957年江畔食堂

▲ 从一张20世纪40年代初印制的照片式明信片上，可以感受到那时江畔餐厅的迷人风韵：江畔餐厅的临江亭廊是观赏松花江景的最佳处，一位美丽优雅的俄罗斯女郎就坐在这里，那是一个夏日安静的午后，一杯咖啡，一本书，江风轻柔，咖啡香飘溢。女郎背后的廊柱是江畔餐厅独有的风格，这张明信片的出现，让这经典的廊柱样式得以在修缮后完美再现

▲ 而另一张同时期的老照片则从另一个角度展现了江畔餐厅的风采：哈尔滨的初夏，两个美丽的俄罗斯女郎坐在松花江畔公园的长椅上，背后是洋气的江畔餐厅，依稀可以看到亭廊里忙碌的身影

▼ 修缮后的江畔餐厅内部

菜肴，如“盐泥鳌花”“厚切牛排”“惠灵顿牛排”“烟熏三文鱼”等，同时邀请俄侨后裔娜塔莎阿姨主理百年传承的哈尔滨老俄侨家庭菜点，有肉饼、菜卷、油炸包、水点心、俄侨面包、俄式渍菜等。

历经八十余年的时光荏苒，江畔餐厅从外到内焕发出“洋气”与“洋味”。无论是建筑风格还是菜品设计，都让人们在这里感受到老哈尔滨的美丽和优雅。

▼ 铁扒鸡

▼ 玛琳娜它

▼ 犹太肉

日、朝料理在哈尔滨

20 世纪初开始，随着日本不断侵占、蚕食东北，大批日本军人和侨民涌入哈尔滨，日料餐馆也随之出现。早在 1905 年前后，道里日本街（西六道街）就出现了日餐馆。1907 年，日本在哈尔滨设立总领事馆后，来自东京、大阪等城市的商贾纷纷到哈尔滨进行各种商贸活动，使哈尔滨的日餐馆得到进一步发展。据史料记载，到 1907 年时，哈尔滨已经有 21 家日本料理店。“日式菜”也出现在了滨江关道的菜单上。

1911 年，日商在道里石头道街上开设了“东洋旅馆”，这是哈尔滨最早的大型日本旅馆之一。该旅馆设施先进，设有日式和西式两种客房，并附设餐厅，率先推出“和洋料理”，为客人提供日餐和西餐相结合的用餐体验。

1923 年时，在哈尔滨的日本人已达三千余人，从事饮食料理业的人有四百余人。这些餐饮从业者开设了许多日本料理店，著名的有武藏野、日进楼、看观楼、春日楼等。为了规范行业发展，还成立了“料理屋组合”，理事长为一面街“新福楼”老板宫崎新造。这时期，“江户前三大料理”的寿司、烤鳗鱼、天妇罗都已出现在哈尔滨。

▼ 20 世纪 30 年代哈尔滨街头日料店

▼ 日料割烹店

▲ 1913 年的东洋旅馆，1919 年改为“名古屋旅馆”

1932 年后，各种档次的日本料理店更是纷纷开业。1937 年成立了五个日餐行业公会：哈尔滨料理店组合、道里饮食店组合、南岗饮食店组合、哈尔滨特殊饮食店组合、哈尔滨割烹待合组合，合计会员二百余家。至 1945 年日本投降前，哈尔滨的日本饮食店数量一直在百家之上。

道里区是日本料理店最多的地方，分布在一面街、石头道街、地段街上，尤以一面街最集中。南岗区第二多，主要集中在大直街和义州街（现果戈里大街）附近。道外区只有几家，分布在升平街和北二、三道街。早在 20 世纪第二个十年，道外区就已经有“蓬莱馆”“北村”这样的代表性日料店。蓬莱馆是哈尔滨最早推出日式火锅“鸡素烧”的日料店。20 世纪 20 年代，又新增北三道街的“大吉楼”“福德楼”和升平街的“东福楼”“布袋”。

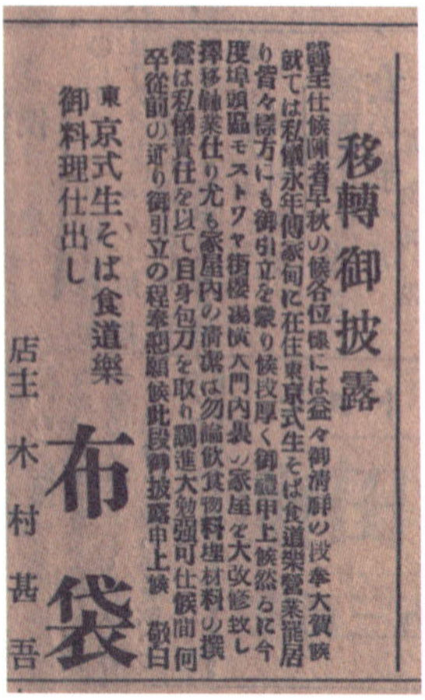
移轉御披露
謹呈仕候陳者早秋の候各位様には益々御清穆の段奉大賀候
就ては私儀永年傅家甸に在住東京式生そば食道樂營業罷居
り皆々様方にも御引立を蒙り候段厚く御禮申上候然るに今
度埠頭區モストワヤ街櫻湯横入門内裏ノ家屋を大改修致し
擇移轉業仕り尤も家屋内の清潔は勿論飲食物料理材料の撰
營は私儀責任を以て自身包刀を取り調進大勉強可仕候間何
卒從前の通り御引立の程奉懇願候此段御披露申上候　敬白
東京式生そば食道樂
御料理仕出し
布袋
店主　木村甚吾

▶ 1924 年 10 月 3 日《哈尔滨日日新闻》刊载的广告

哈尔滨的日本料理店根据经营服务范围的不同，可以分为多种类型，专门料理店有“食堂”“割烹”“咖啡馆”。“食堂”是普通料理店，设有开放式餐区，做好的饭菜由服务员从后厨端给客人。“割烹”则是高级料理店，设有料理台，厨师现场制作，直接提供给客人。更高级的“割烹”则是“料亭”，环境幽静雅致，设有单间，还设有壁龛，既可眺望日式庭院，也可坐在房间里静享美食。

▼ 20 世纪 30 年代的天满食堂，位于道里地段街 119 号“丸商百货”前，天妇罗是其特色。在广告塔上张贴了广告

▼ 天满食堂的广告

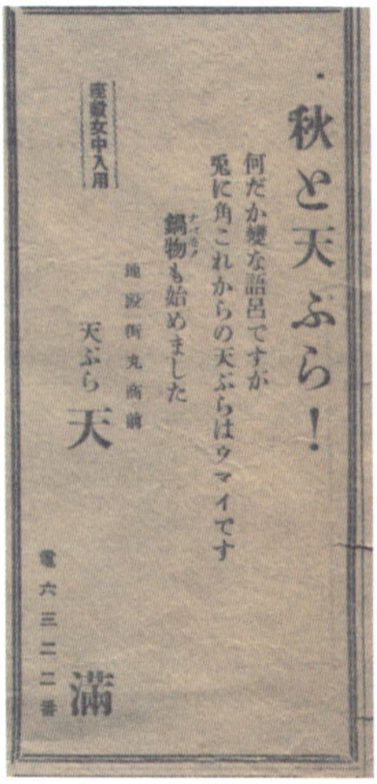

咖啡馆，在当时不是指单纯的咖啡馆，而是属于“特殊料理”，是日本人开设的带有舞女和舞厅的娱乐型咖啡馆，相当于夜总会。中央大街上的“ハッ波”“元禄”，田地街上的“日本”，端街上的“亚细亚”都是这一类。

有明食堂于20世纪30年代开业，最初地址在道里石头道街，主要经营牛奶、咖啡和点心。后来迁至道里田地街84号，店主阵口芳雄。此时，有明食堂已经是一家可以提供日本料理的食堂了。

▼ 有明食堂的广告

1945年日本投降后，哈尔滨的大多数日本料理店都停业了，而有明食堂一直营业到1950年，只是地址变更为道里外国三道街7号，即现道里区红霞街。

1950年9月29日，有明食堂在《哈尔滨公报》上刊登一则广告：“日本菜饭，美味价实，并备有西餐，请驾试尝。日本食堂有明，道里外国三道街七号。”

广告显示，有明食堂不仅提供日餐，还备有西餐，经营范围进一步扩大。从最初的牛奶咖啡店，到后来的“食堂”，再到“和洋餐”，有明食堂是日本料理在哈尔滨最后的余晖。哈尔滨再次出现日本料理，则要等到三十多年后了。

20 世纪 80 年代的日本风味餐厅

1988 年 7 月 22 日开业的新潟餐厅，是新中国成立后哈尔滨第二家日本风味店。餐厅由中日合作——哈尔滨市饮食公司与新潟市共同经营。店址是在江南春饭店饺子部的基础上，按照日本建筑和装饰风格改扩建为二层小楼，整体设计十分精美。经营的日本菜主要有：生贝片、生鱼片、烤大虾、生烤牛肉、风味烤刀鱼、活生蟹、生猛鸡尾虾、日本豆酱汤、日本炒饭、新潟盒饭等。

朝鲜料理也是哈尔滨饮食历史与文化的一部分。

1903 年中东铁路通车后，许多朝鲜人纷纷来哈尔滨寻找商机，其中以来自海参崴的朝鲜人最多，被称为“崴子帮”。他们最早聚集的道里老埠头八道街被称为“高丽街”。

哈尔滨有记载的第一家专业朝鲜料理店，是 20 世纪 20 年代初开设的“芳仙阁”。20 世纪 20 年代末至 20 世纪 30 年代初，道外升平街上出现

▲ 20 世纪 20 年代，一张饭店人员合影里有朝鲜人，他们一身朝鲜民族服饰；还有俄国人、中国人，他们分别是饭店经理、厨师、服务员。三个不同国籍的人员同在一家饭店，体现了当时哈尔滨文化多元性

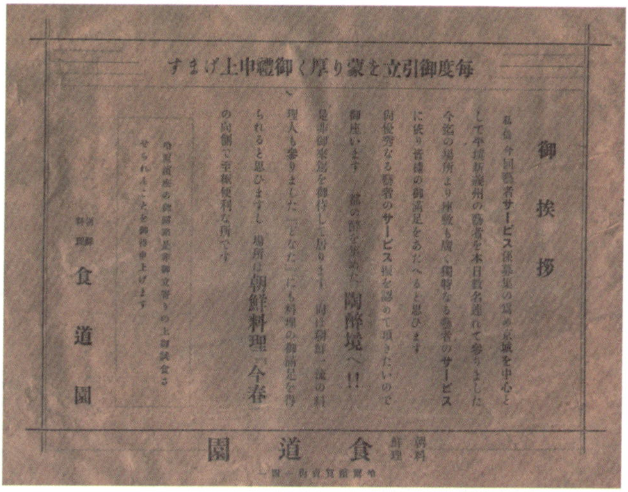

► 20 世纪 30 年代道里买卖街 141 号的朝鲜料理店“食道园”的广告

了三家朝鲜料理店，分别是黄海楼、松江馆和大成馆；道里买卖街上则有太平馆。

1932 年，随着朝鲜人增多，朝鲜料理逐渐兴盛。知名的有道里田地街的“高丽食堂”，店主为朝鲜咸镜南道人斐喜源；道外承德街的“明月馆”，店主为朝鲜平安南道人朴泰锡。

这一时期哈尔滨的历史名吃“朝鲜冷面”也开始流行起来，主营朝鲜冷面的“冷面屋”大行其道。

20 世纪 50 年代，哈尔滨的朝鲜料理店已经屈指可数，最后只剩下“汉阳食堂”。

汉阳食堂，1952 年由朝鲜人金允世开办，地址在道里区经纬街。1955 年改名为“汉阳冷面屋”，主营朝鲜冷面、米饭、狗肉汤、煮鸡、酸辣小

▼ 20 世纪 80 年代初的汉阳饭店

菜等传统菜肴。1956 年后改制为国营饭店，并经三次扩建，成为当时哈尔滨规模最大的朝鲜饭店。1994 年，汉阳饭店因原址动迁而停业。

朝鲜菜肴以其辛辣鲜香、脆嫩爽口的特色而闻名，菜肴的主要原料包括牛肉、鸡肉、鱼肉、鸡蛋等，而辣椒则是不可或缺的调味品。烹调手法多样，主要包括炒、烤、煎、焖、煮、炸及生拌等。主食有米饭、冷面、打糕等。

汉阳饭店的朝鲜大冷面是哈尔滨的一道名吃。面条柔韧耐嚼，口感凉爽清淡，汤汁滑顺润喉。配以肉帽、白菜、芝麻、辣椒和鲜汤，味道辣、咸中带着微甜，令人回味无穷。其味道鲜美，余味绵长，给人以醇美的享受，成为哈尔滨人难以忘怀的舌尖记忆。

▼ 冷面

(一)本販店所備各種酒菜凡係珍品如燕窩魚翅銀耳熊掌以及外洋有專人親赴各酒菜之產地採辦絕不僅在市面搜羅販賣之劣品屬地道而烹調之手藝又極高妙故其氣味之悅口決非他家所能望

(二)飲食於衛生上有絕大之關係而房屋與衛生上之關係亦至密切房屋不潔亦令人居其中而不能下咽即能勉强下箸亦不免歸而作衛生上有絕大之妨碍者也本飯店牆壁油畫之光潔如虛堂懸鏡床如天空列星房間雖經　隔斷而空氣自然流通戶宇本極爽塏而光室內之陳設四時有不斷之花滿壁盡琳琅之彩尤非筆墨所能罄述朗朗如玉山上行不覺神清而氣爽亦心曠而神怡此又係哈埠之破

至櫃房招待之和氣堂官應酬之周到一切外送之迅速伺候堂會之整菜價格之公道道裡道外下帖謂客之謹慎猶其餘　事但以上所述者自誇實堪自信者也願

惠顧諸大君子源來方知愚源而言之不謬也此佈　本飯店主任謹

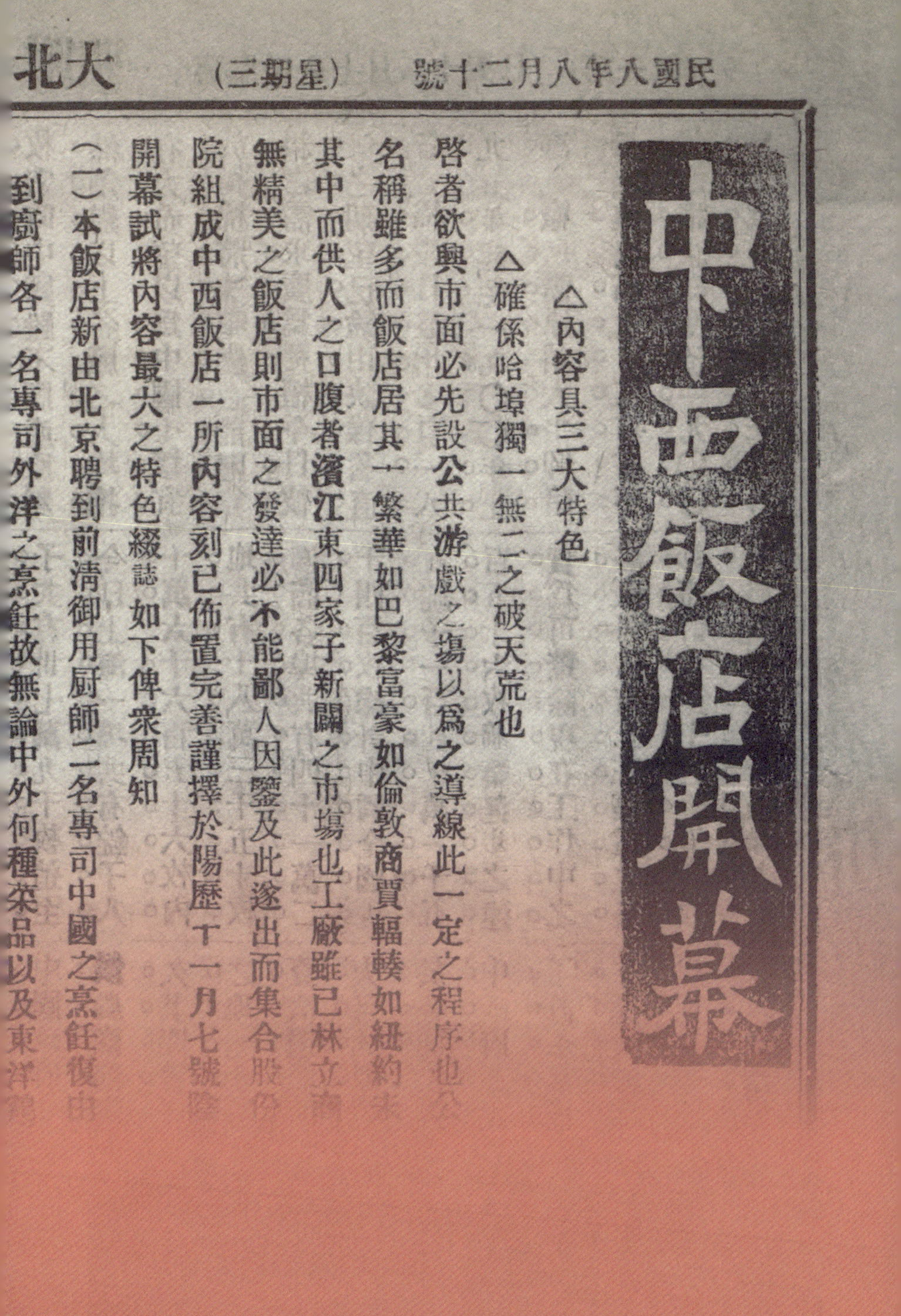

大北　（星期三）　民國八年八月二十號

中西飯店開幕

△內容具三大特色

△確係哈埠獨一無二之破天荒也

啓者欲興市面必先設公共游戲之塲以爲之導線此一定之程序也公名稱雖多而飯店居其一繁華如巴黎富豪如倫敦商賈輻輳如紐約未其中而供人之口腹者濱江東西家子新闢之市塲也工廠雖已林立商無精美之飯店則市面之發達必不能鄙人因鑒及此遂出而集合股份院組成中西飯店一所內容刻已佈置完善謹擇於陽歷十一月七號開幕試將內容最大之特色綴誌如下俾衆周知

（一）本飯店新由北京聘到前清御用厨師二名專司中國之烹飪復由到廚師各一名專司外洋之烹飪故無論中外何種菜品以及東洋

华洋大菜，共置一席

历史上哈尔滨是一座开放包容、文化多元的城市，中外民众汇聚于此，他们也将各自的饮食习俗带入这座城市。国内人带来了山东菜及其衍生的“京津菜”“奉派菜”以及哈尔滨特有的“此地帮菜”，还有代表南方风味的“江浙菜”和“广东菜”。外国侨民则带来了“俄式大菜”“法国菜”“意大利菜”“希腊菜”以及“英美菜”等西餐。这些来自四面八方的风味美食，在同一座城市中并存、交融，经过半个世纪的演变，形成了哈埠菜“中西兼备”“中西融合”的独特风格，甚至出现了“中食西吃”“西食中做”的创新方式。

“华洋大菜，共置一席”这一现象首先出现在滨江关道的宴席上。无论是中餐、俄餐、日餐，还是京鲁菜、江浙菜、俄式大菜、日本料理，“三国四味”一起出现在道台招待宾客的宴席上。之后，“中西兼备”成为哈尔滨中、俄、日三国高级饭店的特点，你中有我，我中有你。最高层次是“三国合璧”，如“中西饭店”聘有中、俄、日三国厨师，烹调三国大菜。普遍情况则是“两国合璧”，中国人开办的饭店通常是中餐带西餐，俄国人开办的饭店是西餐有中餐，日本人开办的饭店是日餐加西餐。

▼ 20 世纪 20 年代中俄官员宴会

中西兼备，引领食尚

20 世纪第二个十年末至 20 世纪 20 年代初，是哈尔滨饮食业开始走向成熟与发展的重要时期。尤其是代表本土饮食业的中餐大型饭店，开始扎堆出现。20 世纪第二个十年中期以后，随着道外地区大面积兴建新式楼房，房地产业的蓬勃发展带动了市面的繁荣。此时，“中西兼备”的饭店开始在哈尔滨盛行。传统的京鲁菜、南菜以及精美的西洋大菜同时出现在这些饭店的菜单上。“华洋大菜”成为中餐饭店招揽顾客的一大亮点。在这一时期，东亚中西大菜馆、瀛洲饭店、停云轩饭店、异香饭店、新世界济南西番大菜馆、中华茶社番菜馆、中西饭店、新世界饭店旅馆、华俄饭店等，成为代表性的“中西兼备”大饭店。

▼ 席设东亚中西大菜馆请柬

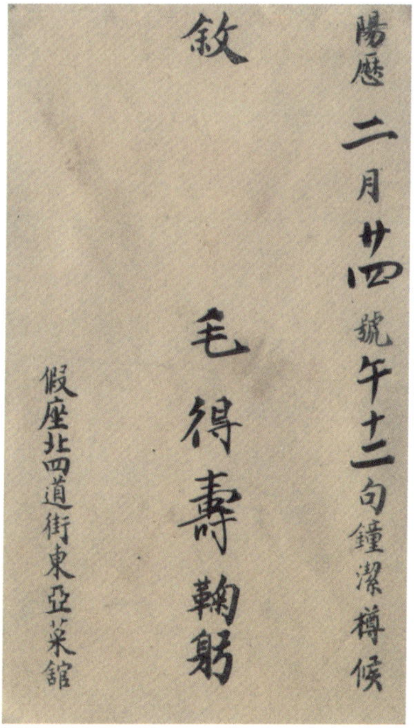
陽歷二月廿四號午十二句鐘潔樽候
敘
毛得壽鞠躬
假座北四道街東亞菜館

▼ 东亚中西大菜馆发票

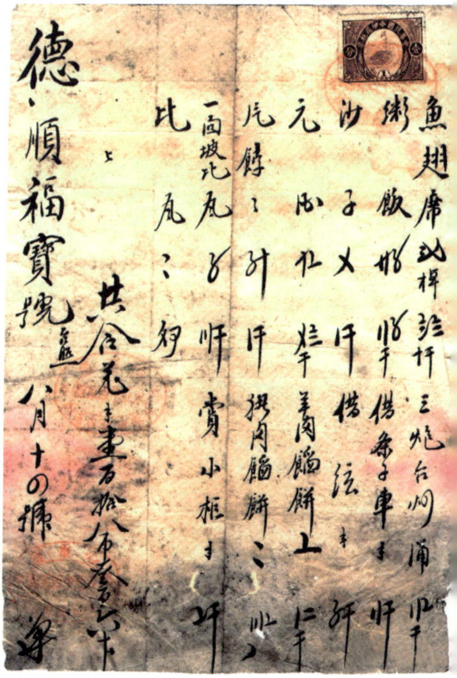
德順福寶號

东亚中西大菜馆

20世纪第二个十年末开业，地址位于道外北四道街，经理为吕景三。广告中称："敝馆开设多年，调和中西食料，布置上下楼座，应酬各界餐客无不精洁周到。"

瀛洲饭店

1917年开业，地址在道外升平街路北楼内，经理为靳翔九。当时道外已经"饭舍林立"，但瀛洲饭店以"精益求精，调和中西食品"为特色，提供"燕菜鱼翅或碗之大小遂意点要"的服务，"诸君或宴乐嘉宾及零购菜品一概欢迎"。

停云轩饭店

1917年开业，地址在道外升平街东西头路南。该店特别从京津邀请高等厨师，主打"南北酒席，随意便饭，中西番菜"，并强调"不但味美，价值格外从廉"。

异香饭店

1918年开业，地址在道外升平街路北楼内，经理为陈云五。该店"聘请高等庖师，专做中西改良饭菜，滋味甘美，作法特别"。广告中提到：所有菜品"均可零售"，无论大碗、小碗"均可随意点作，故虽多至百人，少至二人无不可同桌吃燕菜酒席"。此外，饭店附设异香点心铺，制作各种西式糕点。

▲ 1918 年异香饭店广告

▲ 1918 年东亚中西大菜馆广告

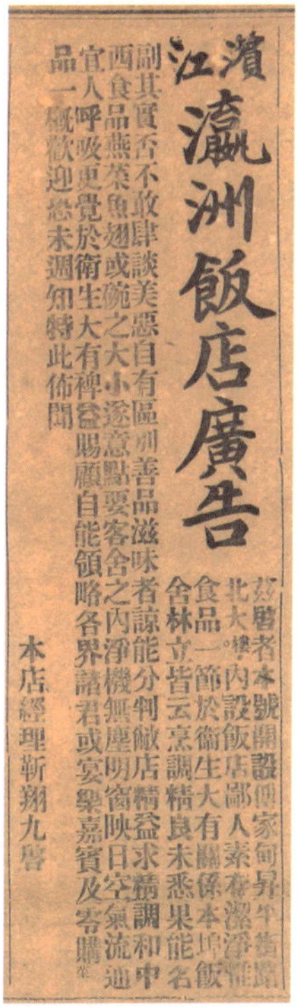

▲ 1918 年瀛洲饭店广告

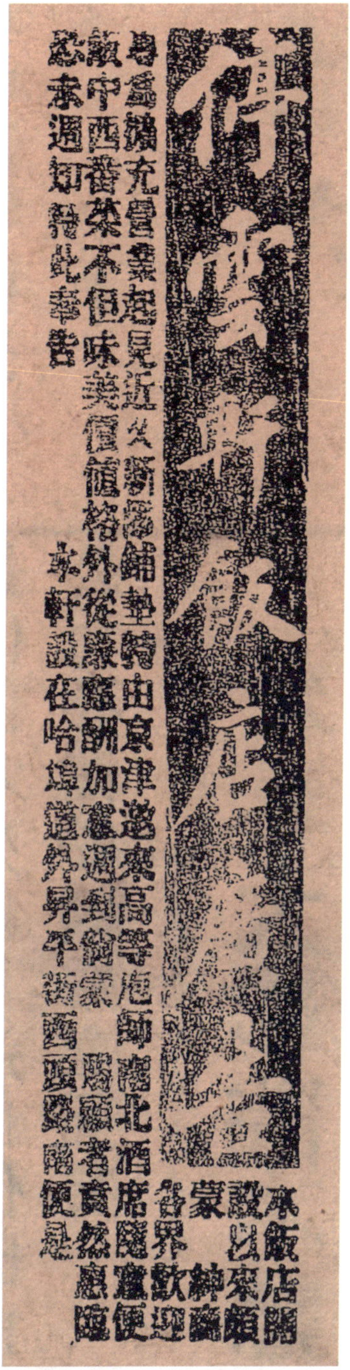

▲ 1918 年停云轩饭店广告

新世界济南西番大菜馆

地址在道外升平街，其前身是朱安东于1916年开办的吉江电影茶社。1917年，通过募股成立股份公司，在原址新建一座二层楼房，定位为“按西式之布置专业大菜馆电影园”，成为哈尔滨最早由中国人开设的西餐厅。二楼“专售西式菜品，均按西法烹调，虽属气味异别，足能适口”，这是哈尔滨餐饮业首次公开指出西餐与中餐的口味差别。广告中还提到“如定西式酒席十至百位，俱按普通各吃摆座，或随便小酌”，强调了西餐按位摆台的特点。“冷热菜品，各种洋酒、糕点、牛奶、咖啡、茶水”应有尽有。1918年，菜馆增添了济南菜，1920年在《远东报》刊载广告称：“以前专售西式番菜……所用庖师纯粹西洋技艺……迩来北京天津素所讲求之烹调莫若以济南作法，本公司之中国菜，自客岁开幕以来，庖致各味物品之佳优、作法之精洁，经尝者无不赞美。”新世界济南西番大菜馆是哈尔滨最早引进济南菜的饭店。1919年，道外还有一家名为济南饭店的餐馆，《远东报》曾报道：道外模范学校教师王尔玉和前女校教师吴献之于12月16日在济南饭店举行了文明婚礼。

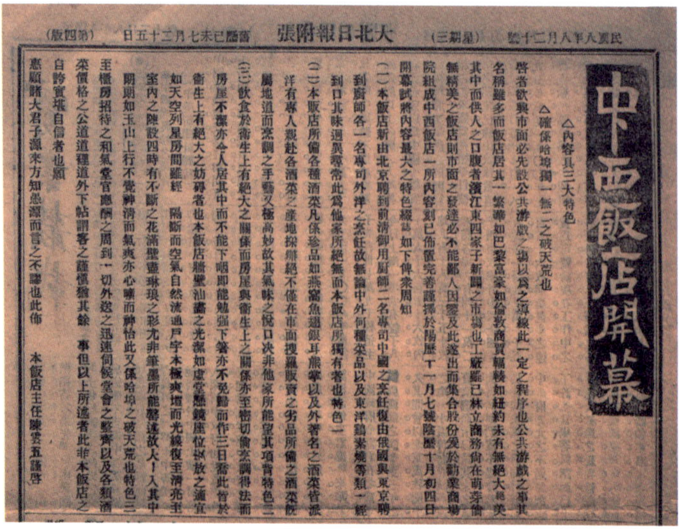
民國八年八月二十號（星期三） 大北日報附張 舊曆己未七月二十五日（第四版）

中西飯店開幕

△內容具三大特色
△確係哈埠獨一無二之破天荒也

啓者欲興市面必先設公共游戲之場以爲之導線此一定之程序也公共游戲之事其名稱雖多而飯店居其一繁華如巴黎富豪如倫敦商賈輻輳如紐約未有無絕大絕美其中而供人之口腹者濱江東四家子新闢之市場也工廠櫛已林立商務尚在萌芽倘無精美之飯店則市面之發達必不能鄙人因鑒及此遂出而集合股份爰於勸業商場院組成中西飯店一所內容刻已佈置完善謹擇於陽歷十一月七號陰歷十月初四日開幕試將內容最大之特色縷誌如下俾衆周知

（一）本飯店新由北京聘到前清御用厨師二名專司中國之烹飪復由俄國與東京聘到厨師各一名專司外洋之烹飪故無論中外何種菜品以及東洋鷄素燒等類一經到口其味迥異尋常此爲他家所絕無而本飯店所獨有者也特色一

（二）本飯店所備各種酒菜凡係珍品如燕窩魚翅銀耳熊掌以及外著名之酒菜皆派洋有專人親赴各酒菜之產地採辦絕不僅在市面搜羅販賣之劣品所備之酒菜皆屬地道而烹調之手藝又極高妙故其氣味之悅口決非他家所能望其項背特色二

（三）飲食於衛生上有絕大之關係而房屋與衛生上之關係亦至密切倘烹調得法而房屋不潔亦令人居其中而不能下咽即能勉强下箸亦不免豔而作三日齋此皆於衛生上有絕大之妨碍者也本飯店牆壁油畫之光潔如虛堂懸鏡座位寬敞之適宜如天空列星房間雖經隔斷而空氣自然流通戶宇本極爽塏而光線復至清亮至室內之陳設四時有不斷之花滿壁盡琳琅之彩尤非筆墨所能形容述故人一入其中則則如玉山上行不覺神清而氣爽亦心曠而神怡此又係哈埠之破天荒也特色三

至櫃房招待之和氣堂官應酬之周到一切外送之迅速伺候堂會之整齊以及各類酒菜價格之公道道裡道外下帖請客之謹慎猶其餘事但以上所述者此非本飯店之自矜實堪自信者也願惠顧諸大君子源來方知愚源而言之不謬也此佈

本飯店主任陳雲五謹啓

◀ 1919年8月20日中西饭店开幕广告

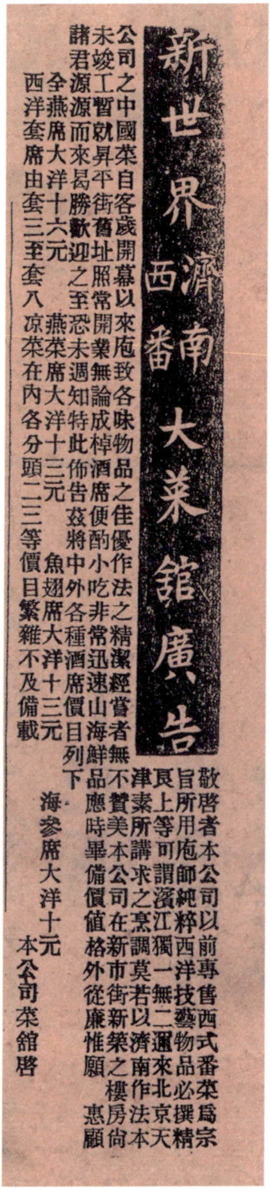

▲ 1920 年新世界济南西番大菜馆广告

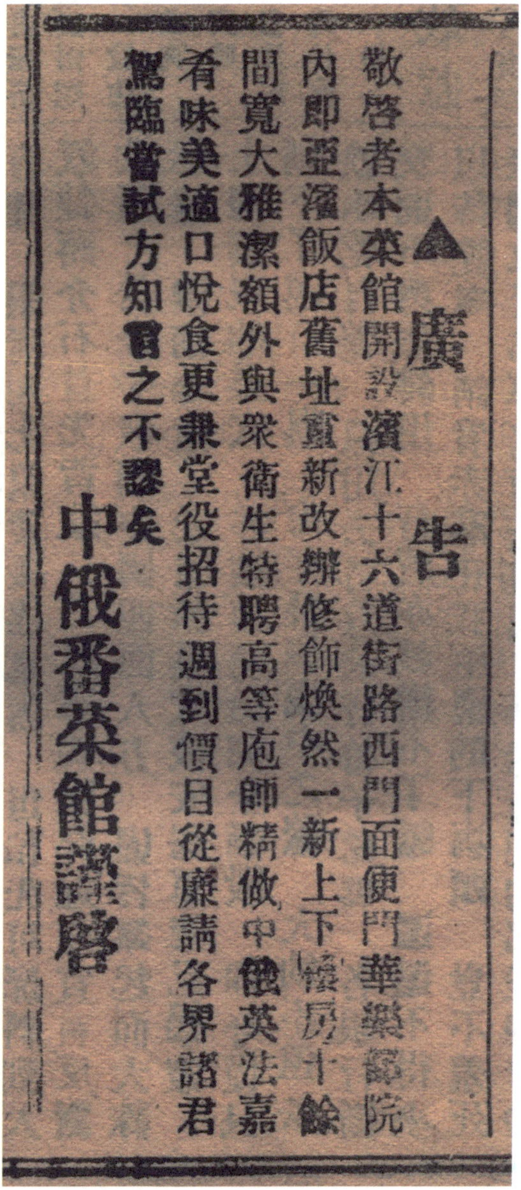

▲ 1927 年中俄番菜馆广告

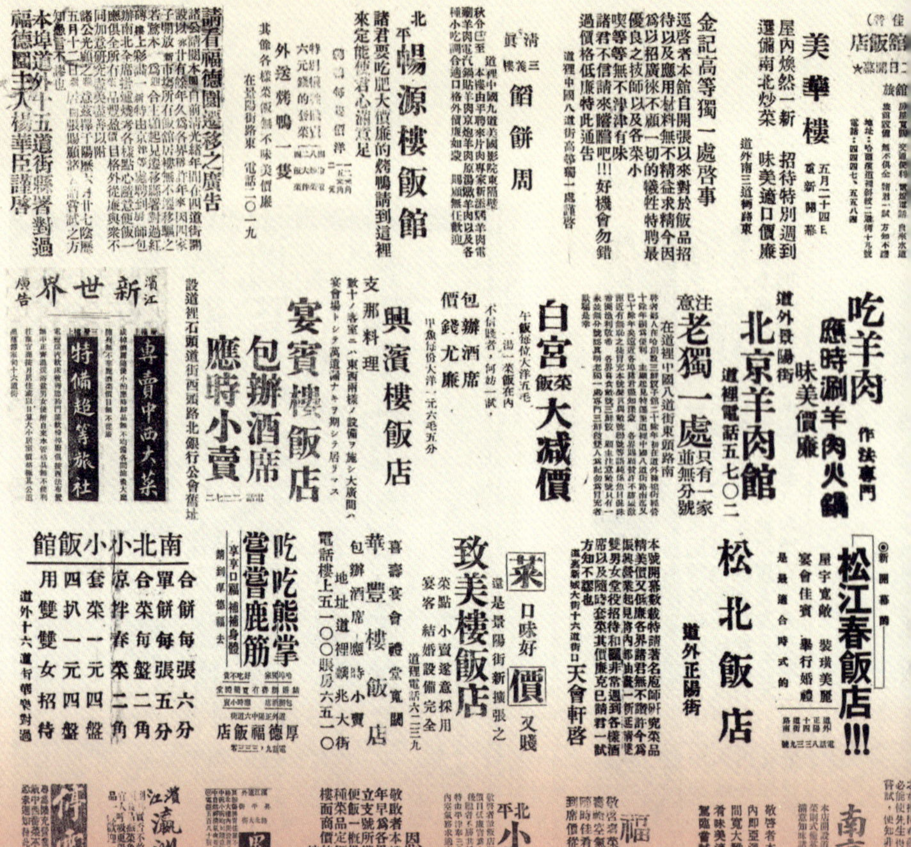
美華樓
五月二十四日 重新開幕
屋內煥然一新 選備南北炒菜
招待特別週到 味美適口價廉
道外南三道街路東
金記高等獨一處啓事
逕啓者本館自開張以來對於飯品招待以及應用材料無不精益求精今因優良之技師以及各種小喫等等無不津津有味請君不信請來嘗嘗吧!!!好機會勿錯過價格低廉特此通告
道裡中國八道街高等獨一處謹啓
清眞 三義樓
餡餅周
北平暢源樓飯館
諸君要吃肥大價廉的烤鴨請到這裡來定能使君心滿意足
外送烤鴨一隻
其他各樣菜飯無不味美價廉
在景陽街路東 電話二〇一九
請看福德園遷移之廣告
吃羊肉
應時涮羊肉火鍋
味美價廉
道外景陽街
北京羊肉館
道裡電話五七〇二
注意 老獨一處 只有一家並無分號
在道裡中國八道街東頭路南
白宮菜飯大減價
午飯每位大洋五毛 一湯一菜飯在內
不信睹者,何妨一試。
包辦酒席 價錢尤廉
甲魚每份大洋一元六毛五分
興濱樓飯店
支那料理
宴賓樓飯店
包辦酒席
應時小賣
設道裡石頭道街西頭路北銀行公會舊址
濱江 新世界 廣告
專賣中西大菜
特備超等旅社
新開幕
松江春飯店!!!
屋宇寬敞 裝璜美麗
宴會佳賓 舉行婚禮
是最適合時式的
松北飯店
道外正陽街
天會軒啓
菜 口味好
價 又賤
這是景陽街新擴張之
致美樓飯店
菜點小賣遂意採用
宴客結婚設備完全
道裡電話六二三九
喜壽宴會 禮堂寬闊
華豐樓飯店
包辦酒席 應時小賣
地址道裡一號大街
電話樓上五一〇〇賬房六五一〇
吃吃熊掌
嘗嘗鹿筋
享享口福 補補身體
厚德福飯店
南北小小飯館
合餅每張六分
單餅每張五分
合菜每盤二角
涼拌春菜二角
套菜一元四盤
四扒一元四盤
用雙雙女招待
南京中西飯店開幕廣告
中俄番菜館謹啓
福泰樓菜館廣告
北平小小飯館發記
恩成樓飯館開幕廣告
興香飯店開幕廣告
濱江瀛洲飯店廣告

天聚園
餃子館
廣東菜
合發園
光復飯店
范記獨一處
興源號飯莊
中北飯店
銀星飯店
星月樓飯館
濱江飯店吧！
也是園
正式開幕
老張包舖飯店
小餐飯店
新華樓
天津館
泰華樓大𤅢鮮
春宴
東華飯店
永安號
天福號東記
天福號
菊籬春
餃子館
德盛
居啓事
永興號
五芳齋飯店
魁元閣
天福樓

哈埠菜的黄金食代

20世纪20年代至20世纪40年代，是哈埠菜的黄金时代。这一时期，大店频开，名店辈出，东北各省的名厨也是来来往往，互通有无。“崴子派”“福山帮”“京东帮”“此地帮”“奉天派”和南菜厨师在哈尔滨各大饭店一展厨艺；“山东馆”“京津馆”“南菜馆”等各类型风味饭店互较短长、一较高下。1941年，哈尔滨举办美食烹饪大赛，来自黑龙江、吉林、辽宁、热河四省大厨汇聚于此，切磋技艺。这次鲜为人知的比赛为哈尔滨的饮食历史镀上了一抹金色。

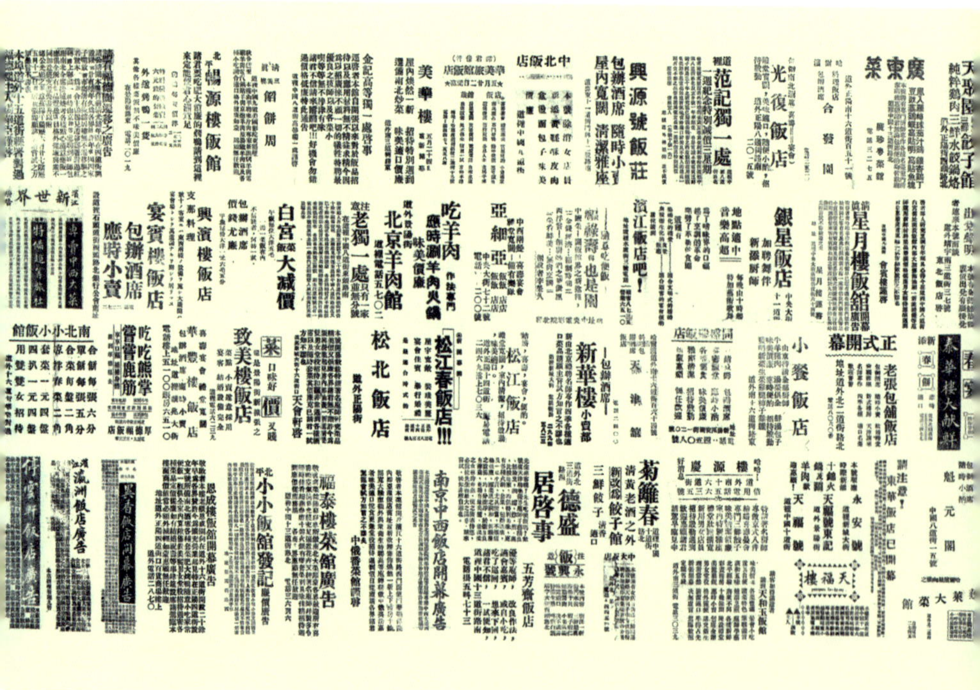

▲ 哈埠食韵华章集

“畅叙楼”首开先河，“新世界”独领风骚

畅叙楼：道外餐饮娱乐的先驱

1916年10月，由傅家甸商民集资9万元，在北三道街兴建了畅叙楼。这是一座集球台、茶间、旅馆、饭店于一体的大型娱乐场，是当时道外规模最大的综合性场所。自开业以来，畅叙楼迅速成为道外军政商界人士举办宴会的首选之地。

1918年10月25日和27日，畅叙楼曾两次举办盛大的宴会：一次是为庆祝东华学校名誉校董高燕儒晋升为吉林陆军第一师师长，道外各界人士在畅叙楼举办了欢迎大会；另一次则是东华学校在畅叙楼宴请了道外绅商各界四十人，共同商讨募金事宜。

然而，到了20世纪20年代初，作为娱乐场的畅叙楼已经不复存在。但令人欣喜的是，作为饭店的“畅叙楼”在道外南十六道街重新开张，并留下了一段关于名厨破解名菜的佳话。

畅叙楼的“葱烧海参”堪称哈埠一绝。据传，有人因急于品尝而被刚出锅的菜肴烫伤。为了保证畅叙楼的独家优势，这道菜的制作方法被严格保密，绝不外泄。当时，在正阳十六道街口的“新世界”饭店，有一位来自山东福山的“福山帮”厨师朱光铸，他为了能够学到这门高超的技艺，每隔两三天就去品尝一次，然后回来仔细琢磨，反复研究试制。经过数月的努力、上百次的尝试，他终于揭开了这道绝技的秘密。

原来，畅叙楼的海参泡发方法与众不同，只泡发到五成，然后用母鸡汤、葱、姜、花椒、大料等调料调制好汁，让滋味充分渗透到海参内部，晾干后再进行烹饪。这样做出来的葱烧海参乌黑铮亮，口感柔软而有嚼劲，味道奇美，余香醇厚，汁芡紧紧包裹在海参上，吃完后盘子底干净如初。葱烧海参也因此成为朱光铸最得意、最擅长的菜肴。

新世界：哈尔滨餐饮娱乐的巅峰

在畅叙楼之后，老道外再次迎来大型餐饮娱乐综合体的出现，已是四年之后的事情了。

1920 年 8 月 1 日新世界大饭店开业，这是哈尔滨历史上国人开设的最大饭店。新世界自建三层大楼，院内有花园，集华洋大饭店、中西大旅馆、现代电影院等餐饮娱乐为一体，可与道里马迭尔媲美。

新世界的开办离不开哈尔滨“福山帮”餐饮人的推动。

新世界的发起者朱安东，原名朱文泰，1891 年生于福山八角村一幢普通农舍，在家乡念了 8 年私塾后“闯关东”来到哈尔滨。1908 年到远东影业公司做学徒，1911 年被派往南岗义州敖连特电影院（今和平电影院）担任放映技师。朱安东头脑灵活，在与俄国人打交道期间，不仅学会了放映技术，还掌握了一口流利的俄语。他并不满足于此，借栖身影院之便，留心观察极为兴盛的电影市场。

1916 年，朱安东辞去敖连特电影院的工作，带着几年的积蓄在道外升平二道街办起了吉江电影茶社。1918 年，他集资将茶社进行扩建，组建新世界有限公司，并开设新世界电影园和新世界济南西番大菜馆。

◀ 朱安东（1891—1951）

▼ 20 世纪 20 年代初新世界

▲ 1949 年 7 月 3 日新世界广告

▲ 1949 年 8 月 18 日新世界迁移广告

1919 年，朱安东抓住滨江县知事张南钧开辟傅家甸四家子为新市场（现道外区十四道街以东）的机会，以新世界公司名义招募巨资，在正阳十六道街口购置地号，委托阜成房产股份公司兴建三层大楼。新世界的股东众多，有数百人之多，其中不乏政商名人。1924 年，朱安东收购新世界股票，成为大股东，当上了总经理。

新世界厨房里还有两位朱安东的老乡，朱光铸和杨文泉，一中一西，是新世界中餐和西餐的名厨。

朱光铸（1887—1963），新世界第一批厨师，酷爱烹饪技艺，常常为了做好一道菜而苦心研究。他擅长爆、炸、扒、蒸，尤其精于海味类菜肴。1933 年，他被新开业的“永安号”请去主灶，1935 年回原籍。

杨文泉（1884—1948），20 世纪初就在哈尔滨俄国人开的西餐馆学徒，先后在新世界、中东铁路俱乐部担任西餐厨师。

一批年轻厨师在新世界历练后，后来也成为哈尔滨饮食业的大师级人物。例如郭永俊（1919—1979），他是福山东周格庄人，1936 年进入新世

▲ 1937 年王敏学在新世界举办婚礼

界学徒，艺成后留在饭店上灶，前后工作了 11 年。他勤学苦练，虚心求教，博采众家之长，兼得鲁菜“福山帮”和“济南帮”精华。1957 年，他被分配到国营松滨饭店，培养了多位名厨。

新世界的“堂头”王敏学也是福山人，是哈尔滨饭店业中的资深从业者。从 1920 年“新世界”开业到 1942 年的二十余年间，他接待了大量市政商界的顾客。凭借八面玲珑的服务能力和丰富的经验，再加上自身的努

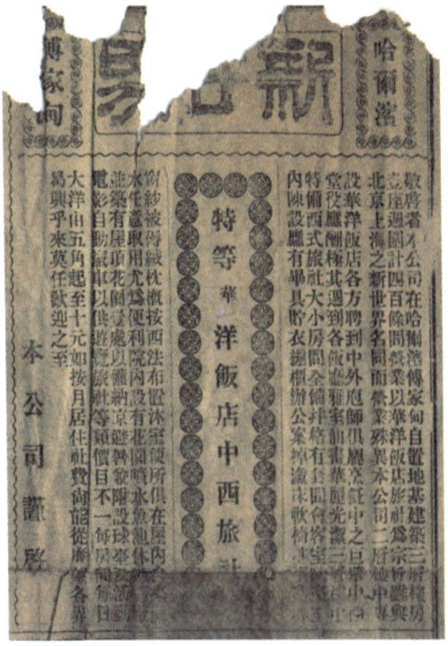

▲ 20 世纪 20 年代初《午报》刊载新世界广告

▲ 1922 年《哈尔滨指南》刊载新世界广告

力，他得到了很多人的赏识。1942 年，王敏学升任“新世界”经理，开始负责饭店经营。

1949 年 11 月 2 日，公企职工医院将新世界饭店改为住院部。新世界迁至南十六道街一侧，缩小规模，仅经营饭店。一个新的时代已经到来，旧的“新世界”迎来落幕时刻，1950 年 10 月，辉煌了三十年的新世界关门停业。

▼ 商界在新世界举办宴会

▼ 1922 年新世界宴会大厅和礼堂

▼ 1948 年新世界礼堂

近代中国第一家全国连锁饭店“厚德福”在哈尔滨

一百多年前，中国诞生了一个全国连锁饭店品牌，那就是由河北杞县人陈连堂于1902年在北京大栅栏创办的“厚德福”。当时，中国的主要城市，如北京、天津、沈阳、哈尔滨、齐齐哈尔、长春、青岛、上海、南京、昆明、西安、兰州、重庆、香港等，都有厚德福饭庄。在黑龙江省就有四家分店，除哈尔滨和齐齐哈尔外，甚至开到了县城呼兰和小镇一面坡。“厚德福”所到之处，都成为当地名店。

哈尔滨厚德福开业于1929年7月25日，店址在道外区南大六道街路西。陈连堂投资5000银元独资开办，并自任经理，但他并不常在哈尔滨，具体经营由李怀甫代行经理之职。店内人员最多时达40多名。厚德福的骨干力量都是自己培养，然后调配给各地分店，总号的可调到分号，分号的也可调到总号或其他分号。厨房先后主灶的厨师有梁锡田、冯占奎、商在峰、冯占元、高贵元等，均为河南籍名厨。

哈尔滨厚德福的名菜有糖醋溜瓦块鱼焙面、铁锅蛋、燕菜卷、炸核桃腰、扒熊掌、扒鹿筋、葱烧海参、焖炉烤鸭等。其中，厚德福的熊掌和鹿筋最为著名。当时哈埠各大饭店中，只有厚德福经常售卖熊掌和鹿筋，连新世界等名店，也常到厚德福购买熊掌原料。这得益于熊掌和鹿筋是黑

▼ 厚德福

▼ 1948年在厚德福礼堂合影

龙江特产，采购较为便利。据说厚德福每天能销售一二十个熊掌。其传统宴席也以“熊掌燕翅全席”最为闻名。厚德福也经常以此为噱头在报纸上刊登广告招揽生意。1935 年《国际协报》广告载：“吃吃熊掌，尝尝鹿筋，享享口福，补补身体，请到厚德福去，哈埠独家，好吃不贵。”

厚德福经营灵活，善于推陈出新。夏秋有“素菜素席”，冬天则上“涮羊肉火锅”。

素菜素席在哈尔滨始于 20 世纪 30 年代，是厚德福最先推出的，全席各菜完全采用素料制作，形象上却与鱼虾鸡鸭参翅等荤菜无异，味美清香不腻，夏季食用尤为适宜。

厚德福硕大的牌匾悬挂在正阳街与南大六道街口大楼上，非常醒目

▲ 1935 年 12 月 26 日《国际协报》刊载厚德福广告

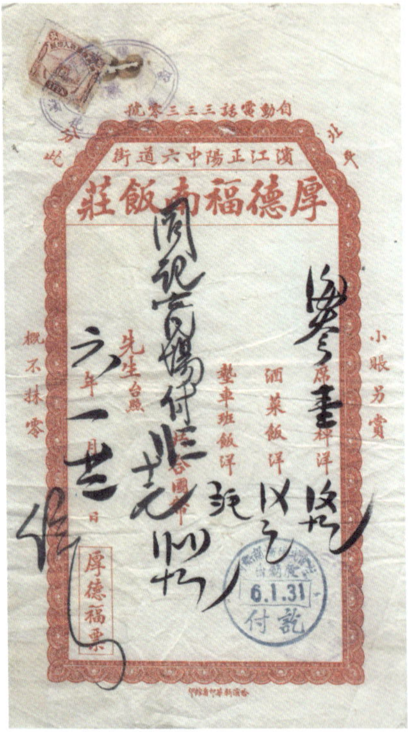

▲ 厚德福发票，海参席一桌

“十楼一号”见证哈埠菜“黄金食代”

“十楼一号”是哈尔滨历史上十一家著名大饭店的统称，它们分别是：宴宾楼、福泰楼、兴滨楼、新华楼、华丰楼、致美楼、泰华楼、恩成楼、春华楼、鸿升楼、永安号。

这十一家饭店中有十家开业于1935年前，规模大、人数多、经营时间长，名厨云集、名菜荟萃，是民国时期哈尔滨饮食业名店的代表，引领了哈尔滨饮食业的一个时代。

1939年12月3日,《滨江日报》夕刊副录以“哈尔滨市的十一家大饭店”为标题刊登了广告。到了20世纪80年代，哈尔滨服务局的赵天先生编写《哈尔滨饮食服务志》时，加入恩成楼、鸿升楼和华丰楼，凑齐“十楼”，替代新世界、厚德福、松江春三大饭店，形成了如今的“十楼一号”名单。

在“十楼一号”中，宴宾楼等级最高，与新世界同级，并称民国时期哈尔滨最大的饭店。恩成楼和春华楼开业最早，分别开设于1910年和1914年。福泰楼经营时间最长，1927年从海参崴迁至哈尔滨，经历1955年公私合营后成为国营饭店，直到1993年停业，持续经营66年。恩成楼是“此地帮”最大饭店，其前身是1910年开业的恩成园。鸿升楼则是道里最大的“此地帮”饭店。春华楼和泰华楼是哈埠京帮大饭店的代表。致美楼是山东帮代表，首创名菜“香蕉锅炸”。1945年11月开业的华丰楼则是哈尔滨饭店业复苏和短暂兴盛的见证。永安号是北京风味馆的代表，同时也是北来顺的前身……

▼ 1939年《滨江日报》夕刊副录刊载哈尔滨市的十一家大饭店

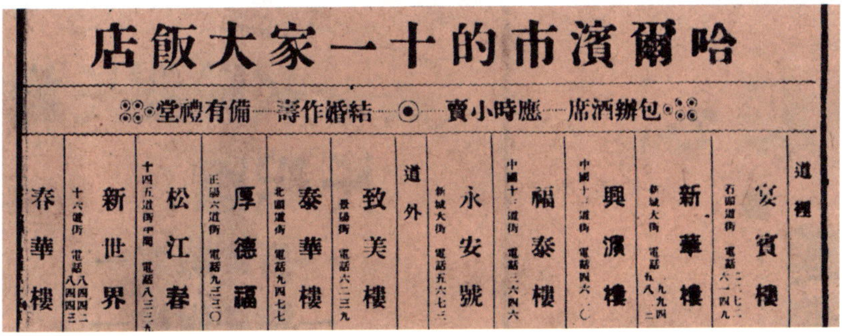

恩成楼："十楼一号"中开业最早，"此地帮"最大饭店

恩成楼开业于1910年，初名为"恩成园"，地址在道外南十六道街143号，创始人为辽宁锦县人才芳滨（字恩坡，1888—1960）。才芳滨13岁（1901年）随姑父步行来哈尔滨谋生，最初在老张包铺学徒。1910年，他在道外南十六道街开办恩成园。开业之初，它只是一家小吃店。到了20世纪第二个十年末，开始逐渐有了名气，至1922年，已跻身道外大饭店之列。大约在1927年，恩成园迁至新建的二层楼房，成为道外规模较大的饭店之一。1934年，该饭店在道外正阳四道街开设了分号，名为"恩成楼"。20世纪30年代末，位于北四道街的恩成楼停业，同时，十六道街的恩成园更名为恩成楼。1950年9月，因所在楼房被另作他用，恩成楼停业。

恩成楼是"此地帮"中最大的饭店之一，擅长烹制肉类下水、渍菜白肉、焦溜毛炒等菜品，具有独特技法，颇受大众欢迎。"此地帮"是指京鲁菜和哈尔滨本地菜肴结合形成的风味特色，此地帮厨师擅长肉类、下水的溜炒菜，讲究明油亮芡，味重香醇。代表菜肴有溜肉段、溜腰花、溜肉片、溜三样、炒豆芽、炒肉渍菜粉等。

恩成楼因这一特色，吸引了众多厨师前来学习。其中一位便是新中国成立后在国营饮食业声名远扬的刘祯祥。

▼ 溜三样

刘祯祥，生于1912年，山东招远人。1927年，他到长春益丰楼学徒，业师徐义权。同年，他来哈尔滨闯荡，先后在道外小小饭店、道里宴宾楼等饭店上灶。他痴迷厨艺，立志遍访名师，在新中国成立前曾进出数十家饭店，凡属烹饪技术，无不精通，刀勺墩案，样样皆能。1938年，为掌握“此地帮”的烹饪精髓，他慕名来到恩成楼，在厨房上灶一年，习得“此地帮”技艺。1959年，哈尔滨饮食服务行业举办了一次技术选拔赛，他做的便是“此地帮”代表菜——溜腰花，这道菜他在27秒内完成装盘，口感鲜嫩，味道鲜美，位列第一。

除了刘祯祥外，曾在恩成楼上灶的名厨还有于柱、张耀庭等人。

▼ 恩成楼

▼ 1930年5月22日《午报》刊载恩成园广告

恩成園飯店刷新改良之佈聞

濱江道外十六道街 恩成園飯店謹啓

▼ 1931年12月20日《午报》刊载恩成园广告

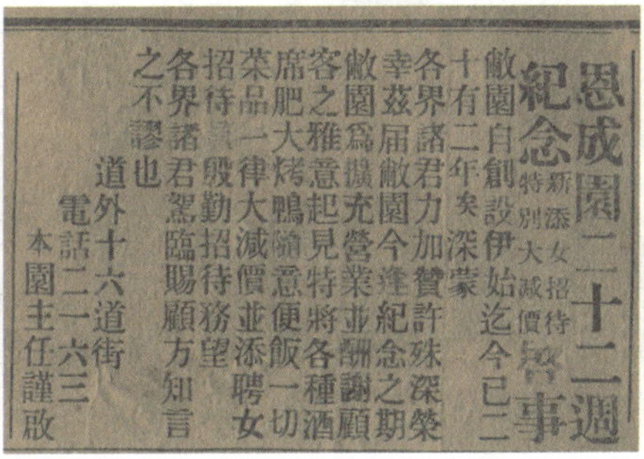

恩成園二十二週紀念事
新添女招待 特別大減價

敝園自創設伊始迄今已二十有二年矣深蒙各界諸君力加贊許殊深幸茲屆敝園今逢紀念之期敝園為擴充營業並酬謝顧客之雅意起見特將各種酒席肥大烤鴨隨意便飯一切菜品一律大減價並添聘女招待殷勤招待務望各界諸君駕臨賜顧方知言之不謬也

道外十六道街
電話二一六三
本園主任謹啟

▼ 1944年席设恩成楼结婚请柬

春华楼：“十楼一号”中的老字号，京帮名店

春华楼开业于 1914 年，最初地址在道外北二道街，1920 年前后迁至道外北四道街 35 号，经理为崔玉亭。

春华楼是“十楼一号”中开业较早的饭店之一，自 20 世纪第二个十年末起，它便是道外著名的饭店之一。1947 年，春华楼短暂停业后，更名为和平饭店，仍是原班人马继续营业，直至 20 世纪 40 年代末。

春华楼牌匾上特别标注有“京都”二字，因为春华楼是源自北京的饭店字号，是清末北京“八大楼”之一。据记载，春华楼主要经营江浙菜，而哈尔滨的春华楼虽冠以“京都”，实际经营的却是北京风味。1932 年左右，春华楼牌匾的下方增添了“成记”两个小字，表明经营者的变化，由崔玉亭接手经营。

春华楼主要经营京鲁菜，掌灶厨师中有名厨段福茂。段福茂是位著名厨师，1956 年公私合营后在国华饭店工作。新中国成立后，哈尔滨第一位女厨师班翠霞曾向他学厨。春华楼的名菜有浮油鸡片、山东大菜、八卦燕菜等。

▼ 春华楼

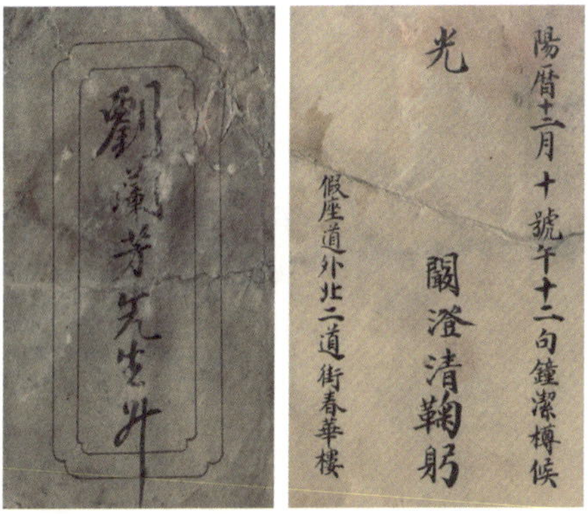

▲ 20 世纪第二个十年末，阚澄清在春华楼宴请道里福顺源五金货店老板刘兰芳的请柬

和平飯店

重新開幕 櫃夥仍舊

各界友好 照常賜顧

喜慶壽誕宴會

禮堂寬潤衛生

專門廚師京菜

價目格外從廉

道外北四道街路西三五

電話五二七一

即春華樓舊址

現已開幕

▲ 1947 年 9 月 4 日《大华日报》刊载和平饭店广告

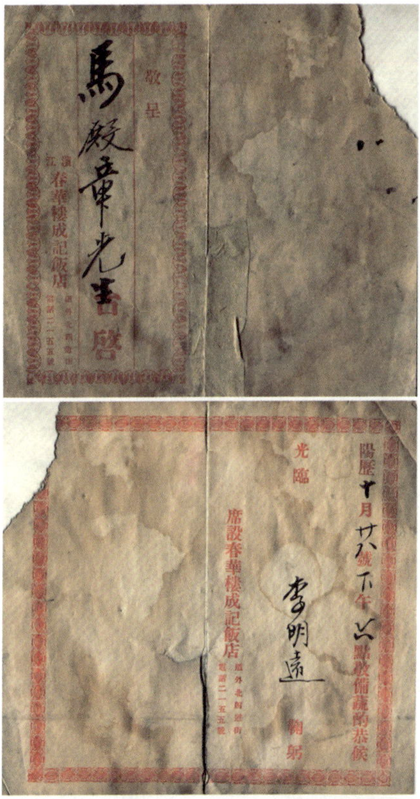

▲ 20 世纪 30 年代同记商场董事李明远在春华楼宴请马殿章的请柬

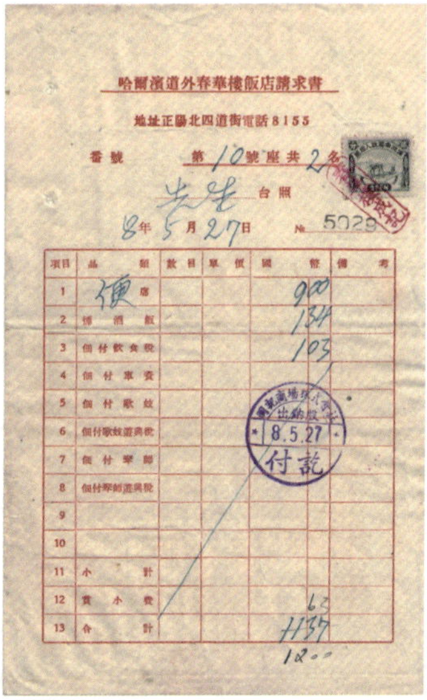

哈爾濱道外春華樓飯店請求書

地址正陽北四道街電話8155

番號 第10號座共2名

先生 台照

8年5月27日 № 5029

項目	品額	數目	單價	國幣	備考
1	便席			900	
2	傳酒飯			134	
3	佃付飲食稅			103	
4	佃付車費				
5	佃付歌妓				
6	佃付歌妓遊興稅				
7	佃付琴師				
8	佃付琴師遊興稅				
9					
10					
11	小計				
12	賞小費			62	
13	合計			1137	

1200

8.5.27 付訖

▲ 1941 年同记商场在春华楼用餐发票

兴滨楼：经营三十年的山东帮“老字号”

兴滨楼开业于1922年，地址在道里中国十三道街46号，创始人王次安。最初为小饭馆，后多人合股，扩大经营，王次安任经理。

中国十三道街是当时著名的饭店街，最盛时有20多家饭店，兴滨楼是街上开业最早的饭店之一。

王次安（1886—1960），山东掖县（今莱州市）人，16岁时随亲友结伴“闯关东”谋生。他先是到海参崴做零工、矿工，后返回哈尔滨做小商贩，开小吃店。1922年，王次安与人合股在哈尔滨开办兴滨楼，成为大股东并担任经理。

兴滨楼从1922年一直经营到1956年公私合营前，在20世纪40年代，二层和三层曾停业过一段时间，仅保留一层经营家常便餐，增加的山东煎饼因价廉物美在当时很受欢迎。

兴滨楼主要经营京鲁菜，山东帮名厨郭启盛的拿手菜有鸡丝蜇头、鸭丁浮皮、鲍鱼猪肚等。后院设有鸭圈养鸭，配有专人负责填鸭。烤鸭技术是专门派人到北京全聚德学的。

20世纪50年代，京剧名角袁世海、李少春等人来哈尔滨演出，经人推荐到兴滨楼用餐。袁世海等人吃过后很满意，就把演出这几天的午餐都定在兴滨楼，酒菜则由兴滨楼自行安排。

▼ 兴滨楼

▼ 1933 年的兴滨楼

▼ 1939 年席设兴滨楼的结婚请柬

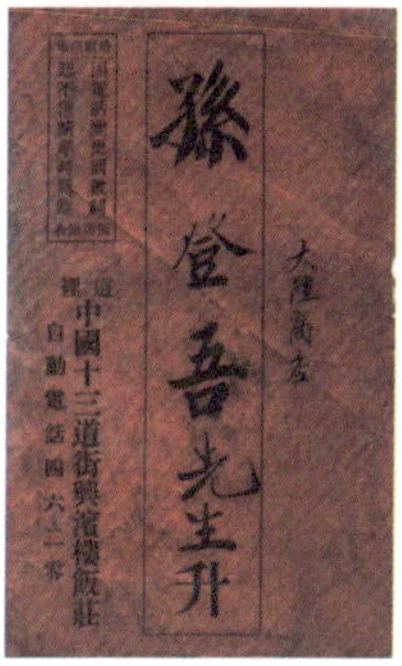

▶ 兴滨楼商务宴请请柬

▼ 兴滨楼新址

福泰楼：创于海参崴，“十楼一号”中经营时间最长

福泰楼创立于1902年，由山东人陈铭久等人合资开办，最初位于海参崴。早期经营应时小吃、包办酒席，并提供西餐服务。1927年，福泰楼在哈尔滨开设分号，地址在道里中国十一道街。1929年迁至中国十三道街西首路北（原南味馆旧址），并于当年7月1日开业。1930年，又迁至东首路北新建楼房（今十三道街19号），营业面积430平方米。鼎盛时期，福泰楼人员接近30人。

1928年，福泰楼又在道外南十六道街（原第八百货商店处）开设东柜，承办酒席、供应点心主食及应时小菜，并附设喜寿礼堂。1938年，道外福泰楼关闭。

1955年11月，福泰楼实行公私合营。1966年曾改名为“太阳升”饭店。1973年又更名为“江滨饭店”。1980年，福泰楼恢复老字号，1993年停业。

▼ 1936年福泰楼

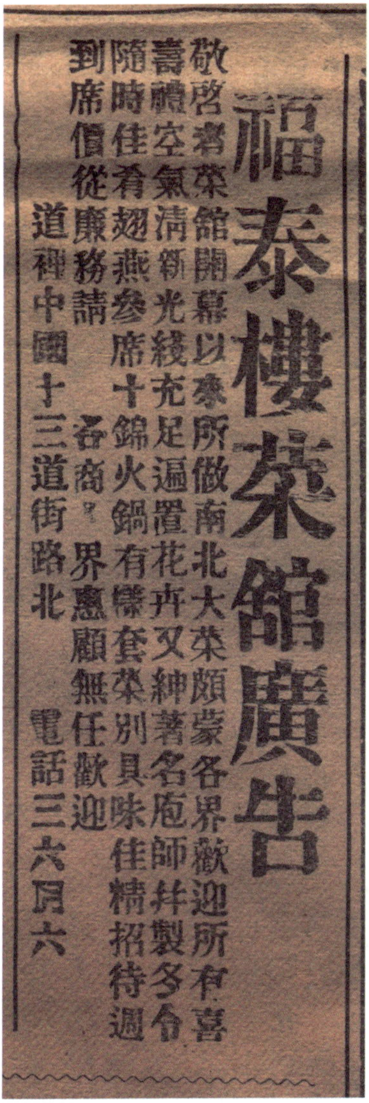

福泰樓菜館廣告

敬啓者本館開幕以來所做南北大菜頗蒙各界歡迎所有喜
壽禮堂空氣清新光綫充足遍置花卉又聘著名庖師幷製多令
隨時佳肴翅燕參席十錦火鍋有樣套菜別具味佳精招待週
到席價從廉務請 各商 界惠顧無任歡迎
道裡中國十三道街路北 電話三六四六

▲ 1933 年 10 月 21 日《哈尔滨公报》刊载福泰楼广告

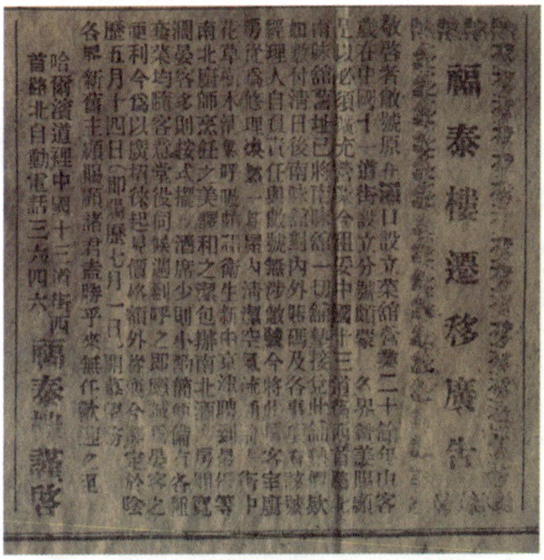

福泰樓遷移廣告

福泰樓謹啓

▲ 1928 年 6 月 30 日《午报》刊载福泰楼从中国十一道街迁至中国十三道街广告

福泰樓飯店 廣告
道裡分此
道外十六道街大舞台對過

敬啟者本飯店今在道裡多蒙顧
客贊許今又分此道外十六道街
大舞台對過於本月初九日開幕
為維持營業起見特備小酌家常
便飯樓上樓下或者一人獨酌小
吃均遂客意並且伺候週到若有
外送非常迅速電話顧客滿意一
切價格額外從廉望祈惠顧諸君
爲勝于來本飯店無任歡迎之至
特此聲明

普通電話五百零七號
自動電話
福泰樓謹啟

▲ 1928 年道外福泰楼广告

福泰楼主要经营京鲁菜，兼营江浙菜，汇集了哈埠历史上的主流厨师流派，各路名厨纷至沓来，使京鲁菜肴异彩纷呈。

最先是“崴子派”主厨，名师有王金陵、李云德、王阿遥等人，他们是从海参崴福泰楼来哈尔滨的老厨师。之后是“京东帮”主厨，名师有张

▲ 20世纪80年代初国营福泰楼

锡财和孙岐山等，他们此前在宴宾楼上灶。张锡财是北京正阳楼的学徒，擅长北京菜，操作精细，事事讲究，尤其是冷荤更为出色。孙岐山是京帮名厨，以高档菜闻名，善做鱼翅，其所做的雪花鱼翅、桂花鱼翅、佛手鱼翅、绣球鱼翅等，色泽金黄，口味鲜醇，造型美观，颇具声誉。1944年后，徐家福、许文骏、陈振江等“奉派”主力来到福泰楼。许文骏是山东帮名厨，做菜精细认真，技艺精湛，他的拿手名菜生菜大虾、家常熬鳜鱼成为福泰楼的招牌菜品。

进入20世纪80年代，名厨姚镇境掌勺，汇集了好几位中生代名厨，福泰楼再次成为名师云集之地。

新华楼：实力雄厚、讲究装修的四幌大饭店

新华楼开业于1930年6月20日，由孙忠福、王捷三、赵考庭三人合资开办，地址在道里新城大街143号，首任经理为高廷俊。在20世纪三四十年代，新华楼一直是道里规模最大的饭店之一。1950年，因双合盛买下该楼，新华楼停业。

新华楼店址所在为两层楼房，占三个门头，楼上用于承办酒席，楼下设有礼堂和休息室，一次可承办五十桌席。店内装修精致，“各室遍置花卉，并彩画清新”，因此开业后，生意红火。1938年，增设了“西餐部”，“特于楼下小卖部内新辟西餐部，聘有高级厨师，凡东西两洋大菜，无不独具风味”。“每日午间供应午饭，午后供应晚餐及咖啡，味美价廉。”同年，新华楼又将北邻的《国际协报》二层楼租下，并将其扩建成大礼堂，该礼堂可容纳并承办百桌以上的酒席。

新华楼的主要顾客为官商士绅，民间有“新华楼的客人是坐汽车来的，到永安号的客人是坐斗车来的”的说法。

▼ 新华楼

新华楼主要经营京鲁菜，初期由以高廷俊为代表的“崴子派”厨师掌灶，后由“京帮”的纪海峰掌灶，1944 年后由“山东帮”的徐世铭掌灶。徐世铭和纪海峰等人都是哈尔滨顶尖的名厨，技艺精湛。两人的拿手菜——白扒鱼翅、白扒鱼肚、扒三白、烧二冬、糟味冬笋，一度成为新华楼的招牌菜。

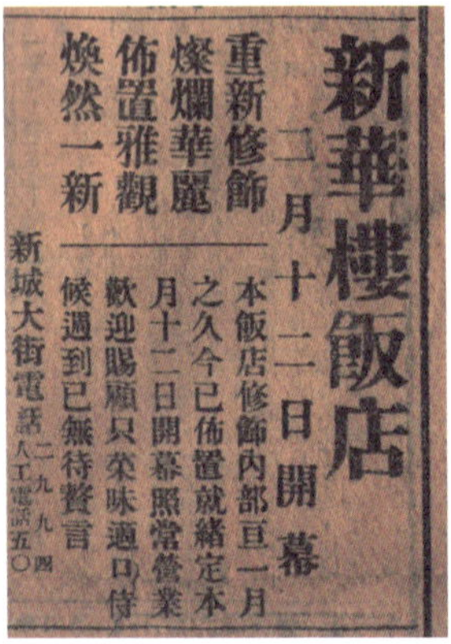
新華樓飯店
二月十二日開幕
重新修飾
燦爛華麗
佈置雅觀
煥然一新
本飯店修飾內部亘一月之久今已佈置就緒定本月十二日開幕照常營業歡迎賜顧只榮味適口侍候週到已無待贅言
新城大街電話二九九四
人工電話五〇

▲ 1933 年 2 月 28 日《国际协报》刊载新华楼广告

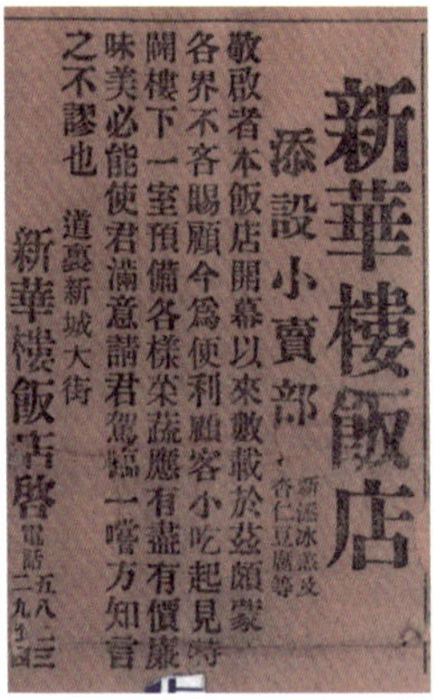
新華樓飯店
添設小賣部
新添冰淇淋、杏仁豆腐等
敬啟者本飯店開幕以來數載於茲頗蒙各界不吝賜顧今為便利顧客小吃起見特開樓下一室預備各樣菜蔬應有盡有價廉味美必能使君滿意請君駕臨一嚐方知言之不謬也
道裏新城大街
新華樓飯店啓 電話

▲ 1934 年 6 月 30 日《国际协报》刊载新华楼广告

新華樓擴充廣告
敝號自開幕數年以來多蒙各界主顧
不惜重資又租妥近鄰國際協報二層樓
擴充一最大禮堂室內設備完善結婚祝
迎送別各種宴會最好是駕臨本店因
地處適中……交通方便……規模宏大
禮堂美觀……平津聘到……優良庖
佳作菜品……美味價廉……堂役殷勤
招待週全……賓客駕臨……必能盡歡

▲ 1939 年《午报》刊载新华楼扩充广告

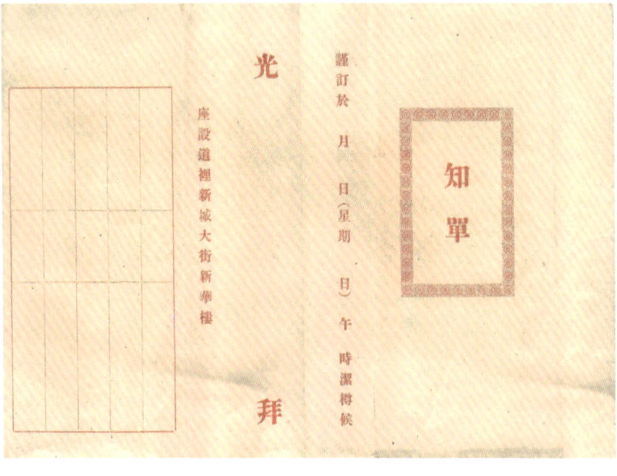
知單
謹訂於　月　日（星期　日）　午　時潔樽候
光
座設道裡新城大街新華樓
拜

▲ 新华楼“知单”。知单是旧时一种宴客或集会的通知单，上写被邀请者的姓名以及时间、地点，后附参加者的姓名，由专人持单当面邀请，应邀者在自己名下写“知”字，辞谢者则写“谢”字，知单上的“洁樽候光”是中国传统敬辞，常用于请柬，意为空着酒杯等候您光临，其诚意十足

鸿升楼:“此地帮”在道里最有名的饭店

鸿升楼开业于1931年，地址在道里中国十四道街10号，位于一栋二层的新艺术运动风格楼房内。如今，这栋建筑的房盖已经坍塌，但外立面依旧保存完好。张茂德、张振鹏、张永庆先后担任经理。1947年后，鸿升楼停业。

鸿升楼主要经营京鲁菜，是此地帮少数几个大型饭店之一。20世纪40年代，鸿升楼的主灶厨师是徐俊玉，他是山东招远人，是名厨徐璘玉的大哥。因其身材高大，炒菜干净利落，故而人称“徐大帅”。后来他到福泰楼上灶，1956年公私合营后，他被分配到太平饭店工作，并于20世纪70年代调至三棵饭店。鸿升楼除擅长制作“此地帮”的熘炒菜外，其名菜还有松鼠鳜鱼、山东海参等。

▼ 鸿升楼

▼ 1933年鸿升楼广告

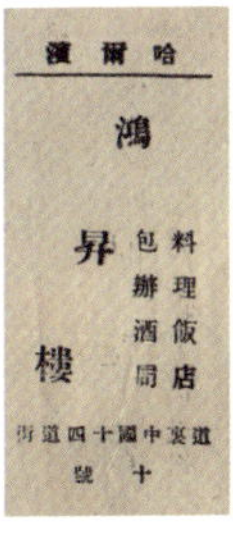
哈爾濱
鴻昇樓
料理飯店
包辦酒席
道裏中國十四道街十號

▼ 1946年哈尔滨结婚证书，席设鸿升楼

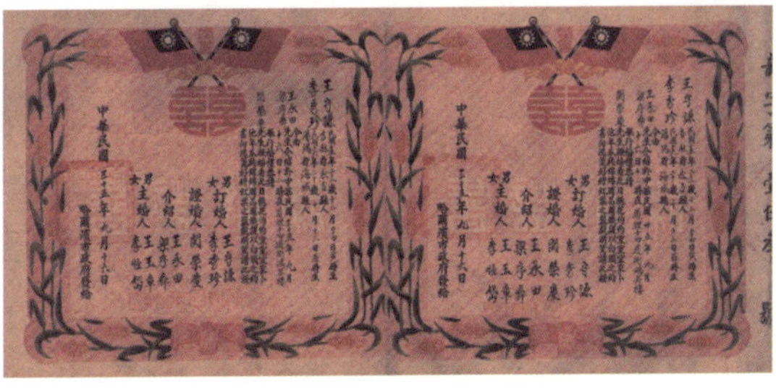

致美楼：首创名菜香蕉锅炸

致美楼开业于1932年，由朱登泰、陈纪明等四人合资开办，地址在道外景阳街100号，朱登泰任经理。

致美楼是北京的饭店字号，民国时期北方各地多有以“致美楼”为名的饭店。哈尔滨致美楼开业之初，牌匾上也缀以“北平”二字。1948年，其店址从景阳街100号迁至景阳街287号平安电影院北侧，一直经营到1952年停业。1954年，国营第一饭店开业，其首批员工很多是原致美楼人员。

致美楼在经营上以包办酒席为主，菜肴属于山东风味，由于老板朱登泰是福山人，所以20世纪30年代致美楼主要由福山帮厨师主灶，名厨有朱喜才，代表菜肴有“山东大菜”。“福山帮”即为现代鲁菜中的胶东派，是从海路经大连进入哈尔滨的一个鲁菜分支。“福山帮”擅长“爆、炸、扒、蒸”，喜用海味，口味以鲜为主，偏重清淡，注重保持主料的鲜味。20世纪30年代，首创名菜“香蕉锅炸”，名噪一时。此外，致美楼的著名厨师还有牛玉藻、张耀亭、邓梅三等，名菜有油泼鸡、锅烧肘子、佛手鱼翅等。

▼ 致美楼

◀ 油泼鸡

▼ 致美楼二楼礼堂

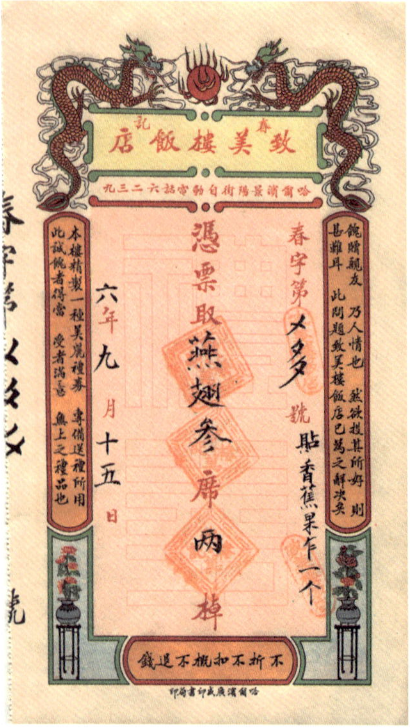

▲ 1939 年致美楼礼券，燕翅参席两桌，香蕉锅炸作为特色菜赠送

▶ 1948 年 8 月 18 日《哈尔滨公报》刊载致美楼广告

▶ 1935 年 12 月 26 日《国际协报》刊载致美楼广告

▼ 致美楼饭店房图，一楼为账房和厨房，二楼为餐厅。厨房长 11.9 米，宽 6.3 米，面积 74.97 平方米。二楼餐厅被楼梯分为邻景阳街的西侧就餐区和北侧就餐区。西侧就餐区面积近 300 平方米，北侧就餐区面积为 68.67 平方米。就餐区采用间板间隔，平时为单间，大型宴会时可打开，一次可开设四、五十桌酒席

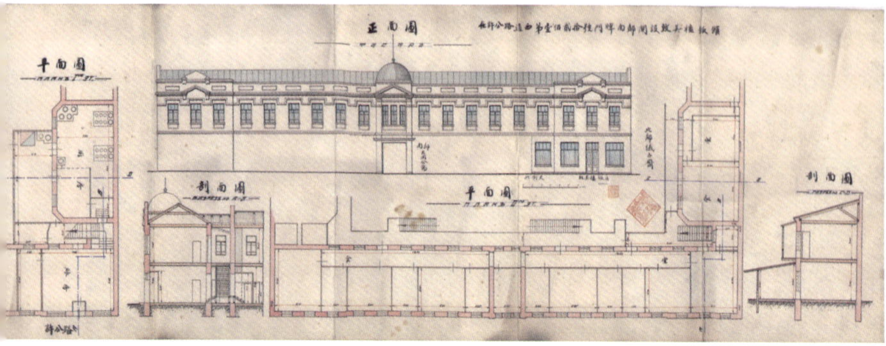

宴宾楼：哈尔滨历史上等级最高的两家饭店之一

宴宾楼开业于1932年11月16日，地址在道里石头道街129号，经理彭芝田，1942年因房子租契到期而停业。

宴宾楼与新世界、厚德福并称为“三大饭店”。1935年《全哈尔滨商工名录》载，宴宾楼被评为四等二级，与新世界同等同级，是哈尔滨历史上等级最高的两家饭店之一。宴宾楼位于市中心区域，房舍高大且宽敞明亮，内部沙发地毯，陈设精致，整体显得非常有气派。这里有数十个单间，并设有专门的礼堂，用于举办各类酒席。

宴宾楼主要经营京鲁菜，厨师以“京东帮”为主，名厨张锡财、孙岐山、徐义权、徐世铭、冷玉春等人先后在此上灶。他们技艺高超，都有一些拿手名菜。

“京东帮”，是专指在北京的山东帮大饭庄出徒或长期上灶的厨师群体，他们功底深厚，眼界开阔，经验丰富。

▼ 宴宾楼外景

▸ 1937 年宴宾楼

▸ 宴宾楼

▸ 宴宾楼内堂

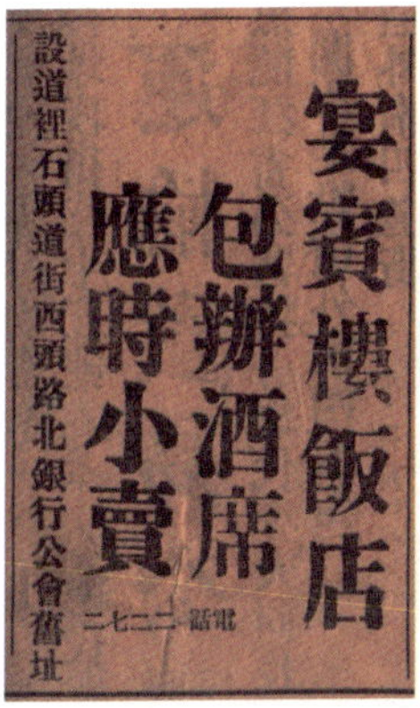

▲ 1933 年 3 月 14 日《国际协报》刊载宴宾楼广告

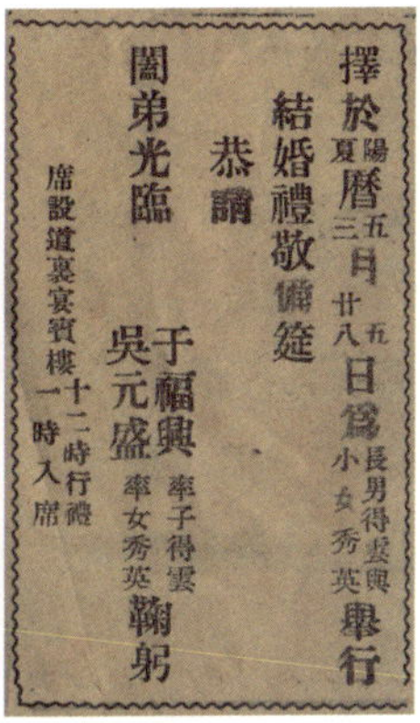

▲ 1940 年 5 月 4 日《滨江日报》席设宴宾楼的结婚启事

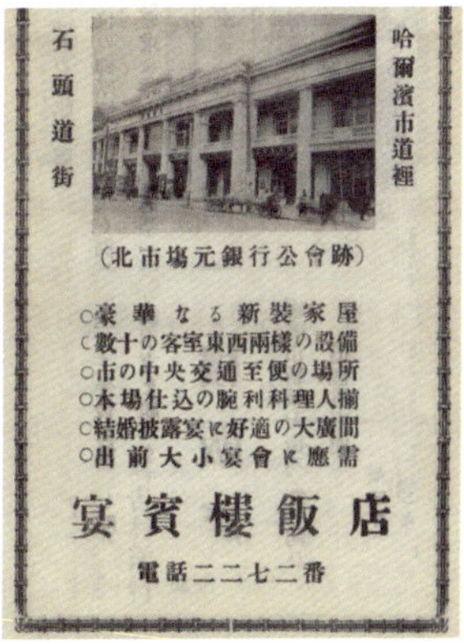

▲ 1933 年《大哈尔滨案内》刊载宴宾楼广告

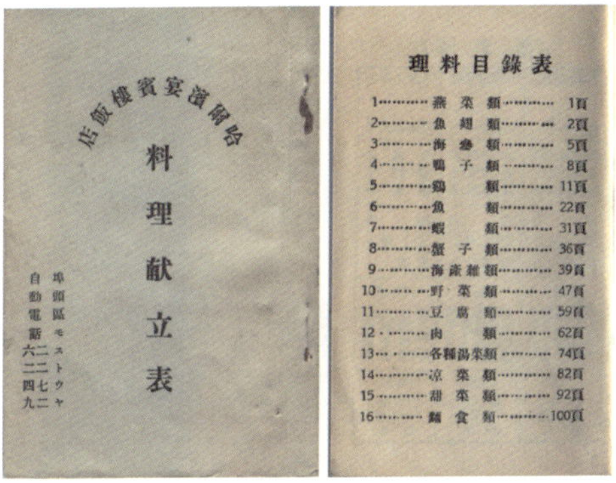
哈爾濱宴賓樓飯店

料理献立表

埠頭區モストウヤ
自動電話 六二二四 二七九二

理料目錄表

1	燕菜類	1頁
2	魚翅類	2頁
3	海參類	5頁
4	鴨子類	8頁
5	鷄類	11頁
6	魚類	22頁
7	蝦類	31頁
8	蟹子類	36頁
9	海產雜類	39頁
10	野菜類	47頁
11	豆腐類	59頁
12	肉類	62頁
13	各種湯菜類	74頁
14	涼菜類	82頁
15	甜菜類	92頁
16	麵食類	100頁

◀ 1937 年宴宾楼菜谱，分燕菜类、鱼翅类、海参类、鸭子类、鸡类、鱼类、虾类、蟹子类、海产杂类、野菜类、豆腐类、肉类、各种汤菜类、凉菜类、甜菜类、面食类 16 大类，共计 777 道菜点

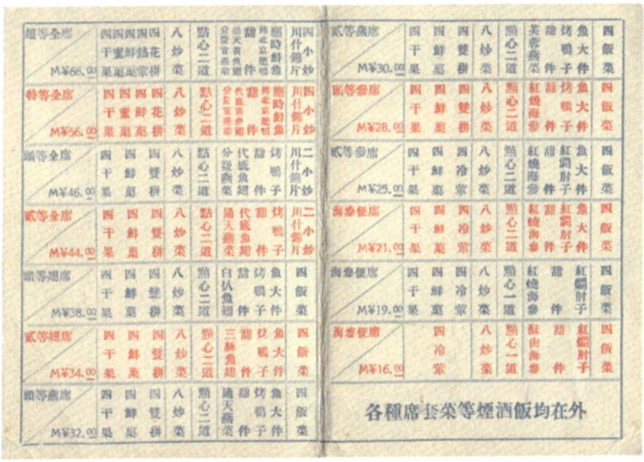
超等全席 M¥66.00
特等全席 M¥56.00
頭等全席 M¥46.00
貳等全席 M¥44.00
頭等翅席 M¥38.00
貳等翅席 M¥34.00
頭等燕席 M¥32.00
貳等燕席 M¥30.00
頭等參席 M¥28.00
貳等參席 M¥25.00
海參便席 M¥21.00
海參便席 M¥19.00
海參便席 M¥16.00
各種席套菜等煙酒飯均在外

◀ 宴宾楼的经营品种主要为宴席和套菜。其中涵盖全席、燕席、翅子席、海参席以及各类套菜，种类丰富，价格多样。全席又细分为超等全席（66 元）、特等全席（56 元）、优等全席（量小质优，价格另议）、头等全席（46 元）和二等全席（44 元）。此外，还有不同层级的燕菜席、翅子席、海参席。套菜的价格范围在 22 元到 24 元之间，最低有五六元的种类可供选择。超等全席是宴宾楼最具代表性的高档名宴，包含四干果、四蜜果、四鲜果、四热荤、四花拼、八炒菜以及两道点心。大件菜品有分碗官燕菜、通天黄鱼翅、甜件、烤北京肥鸭以及应时鲜鱼。随后是川什锦片和四小炒

永安号：“十楼一号”中最接地气的名店

永安号开业于1933年6月，地址在道里新城大街141号，由山东荣成人姚安堂、山东莱阳人周翰臣等人集资合股开办，资本金5000银元，大股东为姚安堂，二股东周翰臣任经理，有员工近40名。1942年后经理为刘鸿恩。永安号的二股东周翰臣是经营饭店的行家，曾在东北开办过多家“天福号”，其所开饭店都带“号”字，而大股东姚安堂喜爱“安”字，故而得名“永安号”。

永安号店址为一栋三层楼房。起初，它仅占用一楼门市房。1938年，永宅号租下了楼上的二、三层，规模得以大幅扩展，从小饭铺转变为包办酒席的大饭店，并经营北京烤鸭和涮羊肉，一次筵席可摆设近50桌。

永安号主要经营京鲁菜，兼具“北京馆”的特色，注重小吃，讲究精致美观、盘小量多，顾客可随意选用。1933年开业时，永安号将福山帮名厨朱光铸从新世界请来掌灶，为永安号打响了招牌。1935年，朱光铸回原籍后，由曲永恒、王殿斌、张福海等相继掌灶，保持了菜品精细的特点。1940年以后，姚镇镜、桑云梧、韩忠镇、徐振邦等人掌灶。名菜有葱烧海参、家常熬鳜鱼、清蒸白鱼、干烤鲫鱼、拌生鱼、香蕉锅炸等。

▼ 永安号

1955年11月16日，永安号申请公私合营；1956年2月1日，公私合营永安号饭店正式营业。1959年，永安号改为回民饭店“北来顺”，“永安号”字号随之取消。

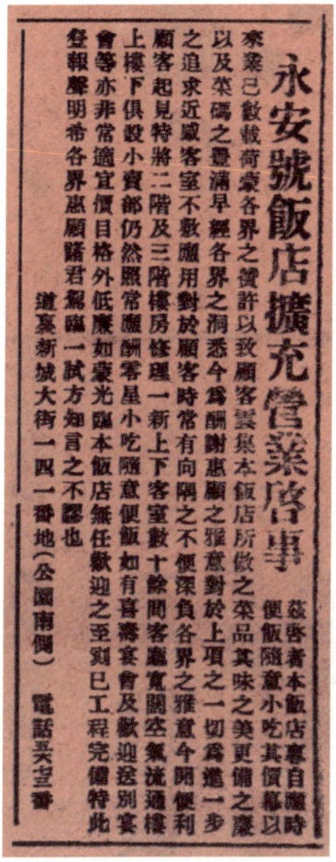
永安號飯店擴充營業啓事

逕啓者本飯店專自應時便飯隨意小吃其價廉以來業已數載荷蒙各界之讚許以致顧客雲集本飯店所做之菜品其味之美更備之應以及菜碼之豐滿早經各界之洞悉今為酬謝惠顧之雅意對於上項之一切為進一步之追求近感客室不敷應用對於顧客時常有向隅之不便深負各界之雅意今開便利顧客起見特將二階及三階樓房修理一新上下客室數十餘間客廳寬闊空氣流通樓上樓下俱設小賣部仍然照常應酬零星小吃隨意便飯如有喜壽宴會及歡迎送別宴會等亦非常適宜價目格外低廉如蒙光臨本飯店無任歡迎之至刻已工程完備特此登報聲明希各界惠顧諸君駕臨一試方知言之不謬也

道裏新城大街一四一番地(公園南側)　電話五六七三番

▲ 1938年5月25日《滨江日报》刊载永安号广告

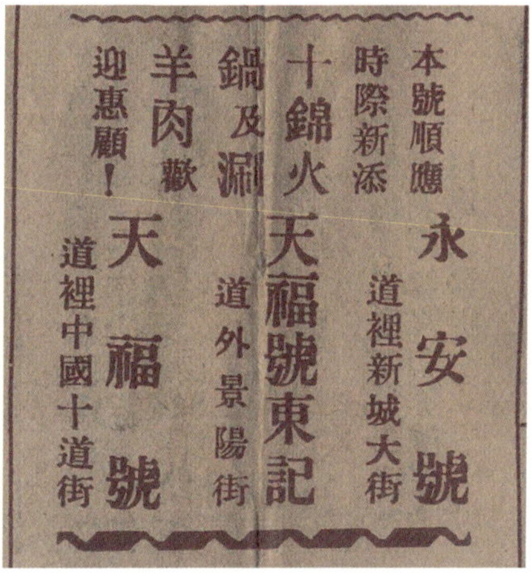
本號順應時際新添十錦火鍋及涮羊肉歡迎惠顧！

永安號　道裡新城大街

天福號東記　道外景陽街

天福號　道裡中國十道街

▲ 1940年《哈尔滨五日画报》刊载永安号广告

▼ 永安号第二任经理刘鸿恩

▼ 20世纪80年代初北来顺饭店

泰华楼：经营齐全的新派大饭店

泰华楼开业于 1935 年 11 月 27 日，地址在道外北头道街 13 号（原广和成货店旧址），经理为崔献廷，1948 年后停业。

泰华楼作为饭店字号，在民国时期的天津和大连两地也有同名店铺，均为山东菜馆。哈尔滨泰华楼是 20 世纪三四十年代哈尔滨著名的京帮大饭店，设有京菜部、南菜部、素菜部和小卖部，以京帮菜肴为主。著名厨师有被人称为“纪老八”的纪锡坤，其拿手菜有扒三白、烧二冬、糟味冬笋等。泰华楼在经营上颇为灵活，不仅包办酒席，还设有小卖部，经营便餐。注重时令，依据季节推出新菜。1936 年 4 月 8 日，《国际协报》刊登了一则“泰华楼大献鲜”的广告，推出：“春宴——春鲜杂陈、陆海兼收”，且“新添春饼，应时适口”。

▼ 泰华楼

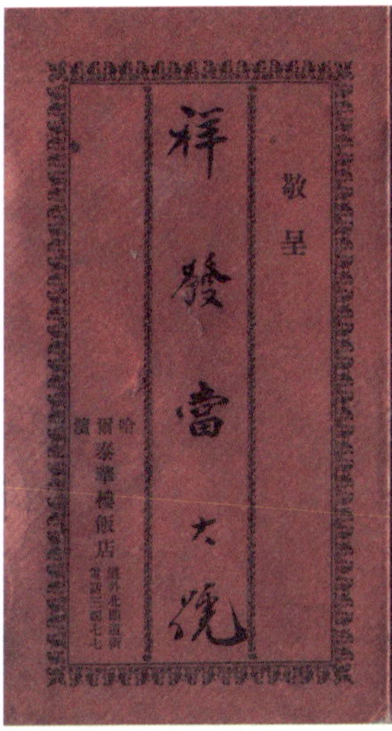

▲ 席设泰华楼的商务请柬

▲ 席设泰华楼的结婚请柬

道外北頭道街開幕伊始之

泰華樓飯店

▲六大特色 ▲四大部份

一，規模宏大觀瞻雄壯
二，廚師精巧烹飪適口
三，酒席小賣定價殊廉
四，暖汽和融空氣流通
五，禮堂錦綉佈置華麗
六，堂役和藹招待不苟

特闢 京菜部 素菜部 南菜部 小賣部

電話三四七七

◀ 1935 年 12 月 26 日《国际协报》刊载泰华楼广告

▼ 1936 年《哈尔滨五日画报》刊载泰华楼广告

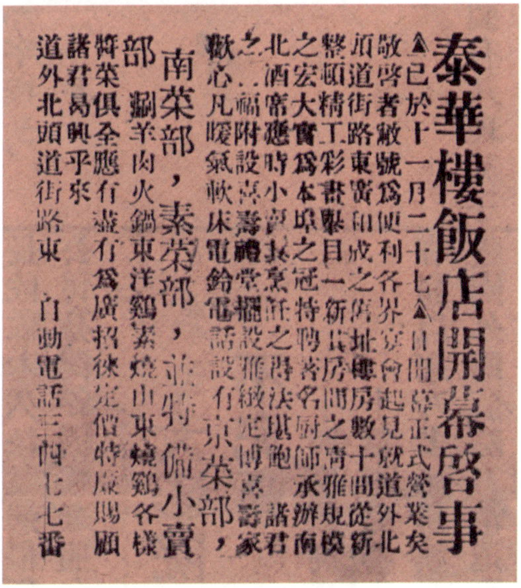

泰華樓飯店開幕啓事

▲已於十一月二十七▲日開幕正式營業矣

敬啓者敝號爲便利各界宴會起見就道外北頭道街路東賃和成之舊址樓房數十間從新整頓精工彩畫醒目一新且房間之清雅規模之宏大實爲本埠之冠特聘著名廚師承辦南北酒席應時小賣長烹飪之得法堪飽諸君之口福附設喜壽禮堂擺設雅緻定博喜壽家歡心凡暖氣軟床電鈴電話設有京菜部，南菜部，素菜部，並特備小賣部 涮羊肉火鍋東洋鷄素燒山東燒鷄各樣醉菜俱全應有盡有爲廣招徠定價特廉賜顧諸君曷興乎來

道外北頭道街路東 自動電話三四七七番

华丰楼：哈尔滨光复后开业的大饭店代表

华丰楼开业于 1945 年 11 月，地址在道里水道街 3 号，经理人是孙敬语。

华丰楼店址位于水道街北侧路西与十一道街交口处的楼房，原是滨江饭店所在地。滨江饭店主营“川苏菜品”，是哈尔滨较早经营川菜的大饭店，开业时便聘请了川菜师傅烹制川菜。名厨刘祯祥还曾专门应聘到滨江饭店学习川菜。华丰楼开业后，留用了部分滨江饭店厨师，继续经营川菜。

华丰楼属于山东帮大饭店，曾一度名厨云集。哈尔滨名厨曲统祥、于春溥等人都曾在华丰楼上灶。于春溥离开福泰楼后，在 1946—1947 年间于华丰楼上灶。奉派四大名厨之一的曲统祥，在松江饭店停业后，于 1948—1950 年在华丰楼上灶。华丰楼还有一位墩上师傅侯进绍颇为有名，1950 年后前往马迭尔。

华丰楼的名菜有烩管廷脊髓、干烧鳗鱼、爪尖烩海参、砂锅全鱼、全家福等。

▼ 爪尖烩海参

▲ 华丰楼

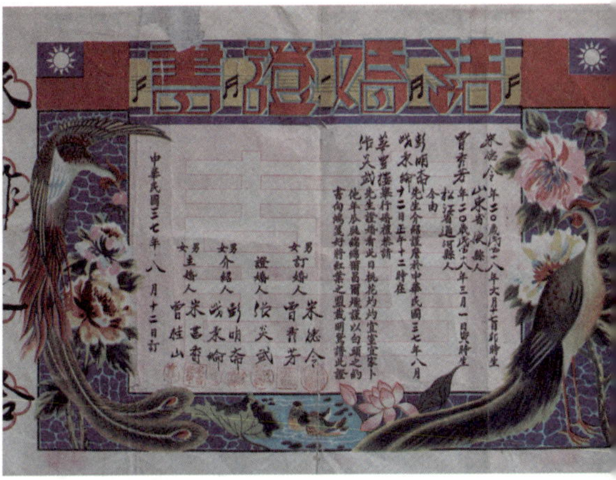

▲ 1948 年哈尔滨人结婚证书，席设华丰楼

华丰楼于 1950 年停业，其原址随后成为市政府大食堂，而华丰楼的厨师则进入当时改名为“哈尔滨旅社”的马迭尔。

▼ 1946 年 10 月 21 日《午报》刊载华丰楼广告

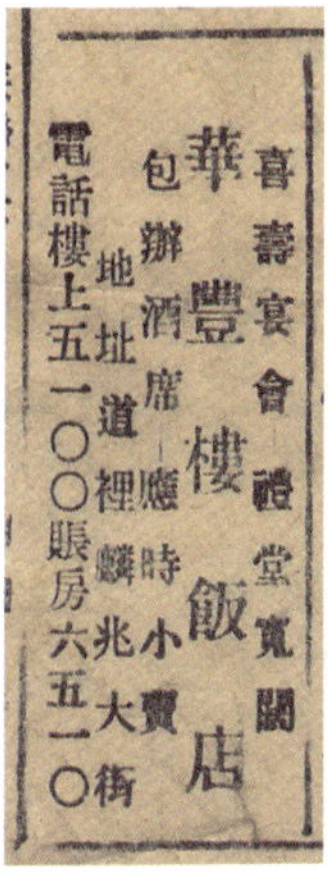

喜壽宴會禮堂寬闊
華豐樓飯店
包辦酒席應時小賣
地址道裡麟兆大街
電話樓上五一〇〇賬房六五一〇

▼ 1946 年 4 月 6 日《幽兰周刊画报》刊登华丰楼广告

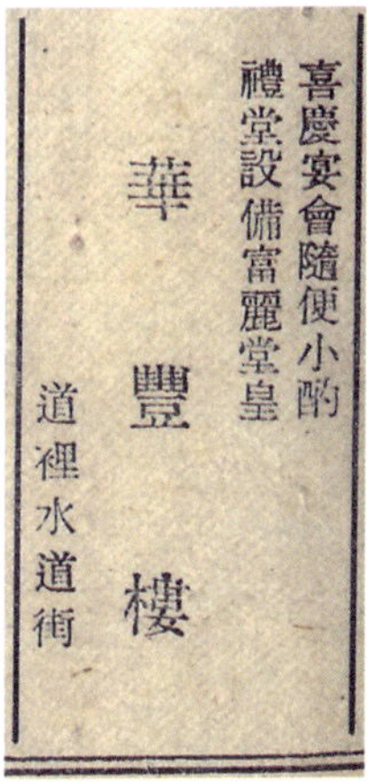

喜慶宴會隨便小酌
禮堂設備富麗堂皇
華豐樓
道裡水道街

▼ 1946 年哈尔滨特别市政府、临时参议会、卫戍司令部设宴华丰楼的请柬

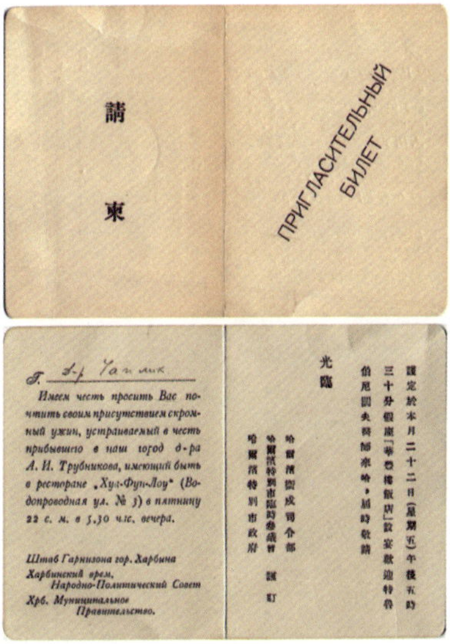

請柬

ПРИГЛАСИТЕЛЬНЫЙ БИЛЕТ

Г. ______

Имеем честь просить Вас почтить своим присутствием скромный ужин, устраиваемый в честь прибывшего в наш город д-ра А. И. Трубникова, имеющий быть в ресторане „Хуа-Фун-Лоу" (Водопроводная ул. № 3) в пятницу 22 с. м. в 5.30 час. вечера.

Штаб Гарнизона гор. Харбина
Харбинский врем. Народно-Политический Совет
Хрб. Муниципальное Правительство.

謹定於本月二十二日(星期五)午後五時三十分假座「華豐樓飯店」設宴歡迎特魯伯尼闊夫博士來哈，屆時敬請
光臨

哈爾濱衛戍司令部
哈爾濱特別市臨時參議會
哈爾濱特別市政府
謹訂

奉派名厨，执掌一方

奉派，即奉天派，指的是从沈阳来哈尔滨的山东帮厨师。20 世纪 30 年代末至 20 世纪 40 年代，奉派厨师在哈尔滨饭店界颇为活跃，当时有四大名厨，分别是张俊臣、曲统祥、许文骏、赵永省，四人均曾在沈阳从厨，其中以厨界老将张俊臣为首。奉派开办或主灶的大饭店有道外的松江春饭店、光复饭店、松江饭店，以及道里的大世界、中华饭店、福泰楼等。此外，奉派除了厨师，还有担任堂头的从业者，如道外松江春的经理王福臣、道里大世界饭店的经理滕儒洪、中华饭店的经理李石清等人，他们中的大部分人也是从沈阳来到哈尔滨的饭店从业者。

松江春饭店：奉派饭店第一家

松江春饭店开业于 1939 年，地址在道外正阳十四道街路南。1939 年 11 月 20 日，《滨江日报》刊登了一则松江春饭店的广告：“新开幕的松江春饭店，屋宇宽敞，装璜美丽，宴会佳宾，举行婚礼是最适合时式的。”

▼ 松江春饭店

松江春饭店既是由奉派厨师所开，又是由奉派厨师主灶，其主要股东有张俊臣、王福臣、徐家福等。

松江春饭店名厨云集，除了张俊臣、曲统祥师徒，还有许文骏、陈振江，奉派四大名厨中就占了三位。

张俊臣（1905—1959），山东蓬莱人，人称“张二杰”。20 世纪二三十年代，他在沈阳七福屋饭店上灶，1939 年与徒弟曲统祥等人来到哈尔滨，在道外正阳十五道街开设了奉派在哈尔滨的第一家大饭店松江春。1946 年，他与妹夫赵永省等人合股在道外正阳八道街开设另一奉派名店光复饭店，并担任经理。1956 年公私合营后，张俊臣调任西傅家区店副经理，后又任饮食公司业务科长，1959 年因病逝世。

曲统祥（1921—1975），山东招远人，读书六年。1934 年，他到沈阳七福屋饭店拜张俊臣为师，学艺三年，后随师来到哈尔滨，先后在松江春饭店和松江饭店上灶，1948 年到华丰楼上灶，1950 年调到哈尔滨旅社。1960 年 7 月 7 日，经商业部批准，曲统祥被授予“烹饪技师”技术职称，是当时最年轻的厨师之一。他的拿手名菜有砂锅全鱼、爪尖烩海参、炒三泥、全家福等，编著有《中餐菜谱》流传于世。

▼ 松江春饭店内礼堂

许文骏（1909—1971），同样来自沈阳七福屋饭店，做菜精细认真，技艺颇高。名菜有生菜大虾、家常熬鳜鱼等。

松江春饭店的另一位股东徐家福也颇负盛名，他出生于山东省招远县（今招远市），是位经验丰富的饭店行家里手。从 20 世纪 20 年代起，他先后在济南新华楼、海参崴宴英居、长春益丰楼以及哈尔滨宴宾楼、新华楼等大饭店担任堂头，见多识广，经验丰富。

1944 年下半年，松江春停业，原址改为“国兵会馆”。徐家福和许文骏、陈振江等人转至福泰楼工作，徐家福接任福泰楼第三任经理，直到 1956 年公私合营，福泰楼也进入了奉派掌灶时期。与此同时，王福臣、曲统祥等人于 1946 年在松江春旧址（当时门牌为靖宇十四道街 343 号）开设松江饭店。

▼ 1940 年 3 月 15 日《哈尔滨五日画报》刊载松江春饭店广告：饮食界之巨擘，松江春饭店之四大特

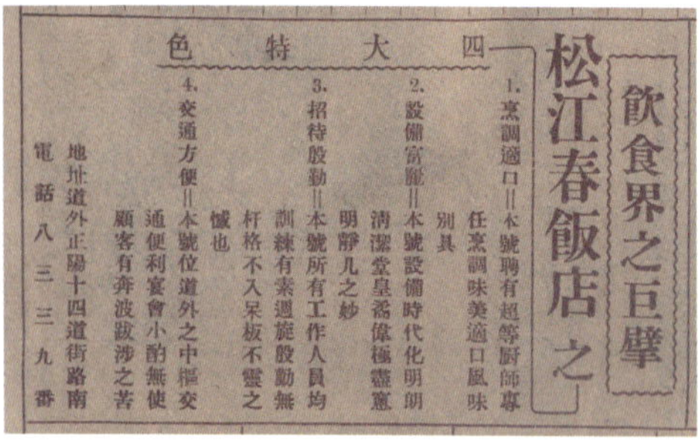
飲食界之巨擘
松江春飯店之
四大特色
1. 烹調適口＝本號聘有超等廚師專任烹調味美適口風味別具
2. 設備富麗＝本號設備時代化明朗清潔堂皇喬偉極盡富麗明靜几之妙
3. 招待殷勤＝本號所有工作人員均訓練有素週旋殷勤無杆格不入呆板不靈之憾也
4. 交通方便＝本號位道外之中樞交通便利宴會小酌無使顧客有奔波跋涉之苦
地址道外正陽十四道街路南
電話八三三九番

▼ 1939 年 11 月 20 日《滨江日报》刊载松江春饭店广告

新開幕的
松江春飯店!!!
屋宇寬敞 裝璜美麗
宴會佳賓 舉行婚禮
是最適合時式的
道外正陽十四道街路南
電話八三三九號

▼ 1940 年，同记商场董事、大罗新货店经理徐信之在松江春宴请的发票

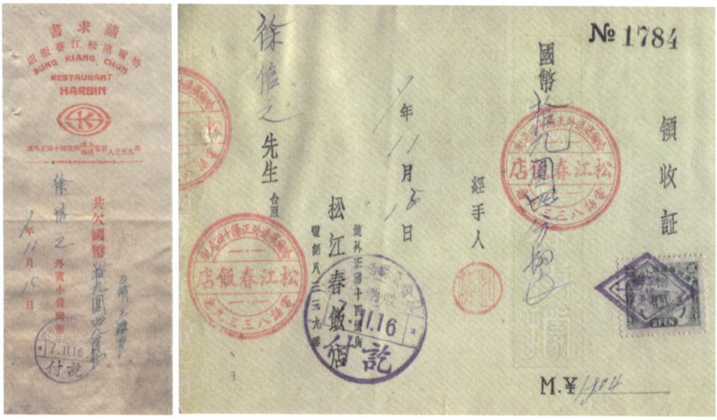

《哈尔滨饮食服务志》记载：松江春以山东帮奉派为代表，在哈尔滨独树一帜，宴席上菜改为十大盘，菜肴风味独特，名噪一时，生意兴旺。

传统宴席沿袭清末时饭庄格式，有全席，大件是鱼翅、燕菜、烤鸭；鱼翅席，大件是鱼翅、烤鸭；燕菜席，大件是燕菜、烤鸭；海参席，大件是海参、烤鸭。通常席单包括四双拼、四鲜果、四干果、八炒菜、四大件、四饭菜，内容烦琐复杂。

而松江春则大胆地将其去繁就简，改为“十大盘”“八大盘”：

燕翅鸭全席十大盘、燕翅鸭全席八大盘，燕翅席十大盘、燕翅席八大盘，燕菜席十大盘、燕菜席八大盘，鱼翅席十大盘、鱼翅席八大盘，海参鸭子席十大盘、海参鸭子席八大盘。

松江春饭店的实供菜谱分为十大类，共计 213 道菜、4 种面食和 22 种酒席。其中，十道招牌菜为：宫爆鸡丁、干烧冬笋、醉烧鲤鱼、椒盐豆腐、宫爆肉丁、干烧紫鲍、麻酱紫鲍、川鸡豆花、川马先生汤、核桃酪。

▼ 松江春饭店菜谱

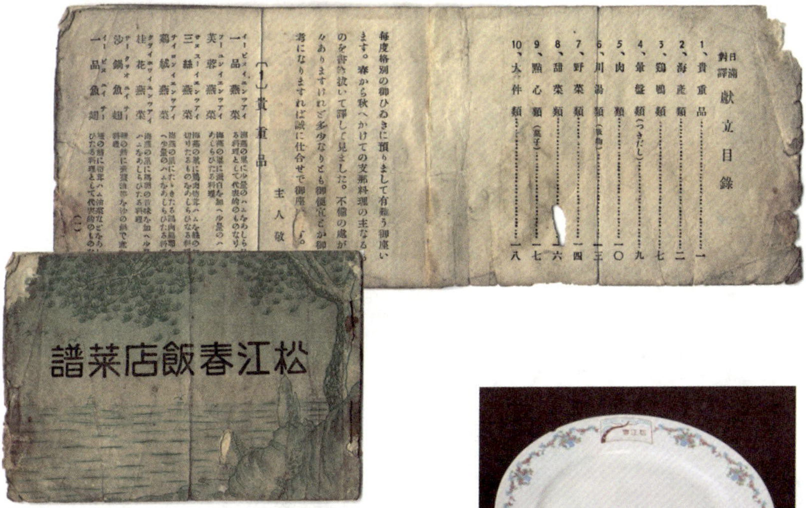

▶ 松江春饭店大瓷盘

松江饭店：奉派餐饮的延续与发展

松江饭店开业于 1946 年 4 月，其人员基本来自松江春，经营方式也与松江春相同。饭店由松江春的大股东兼经理王福臣开办并任经理，有人员 33 人，1948 年停业。

1947 年，奉派名厨曲统祥担任经理。据当年工商部门统计，松江饭店是当时道外东傅家区最大的饭店之一，资本金 11201 千元东北币，有人员 35 人，规模仅次于新世界。

松江春和松江饭店的经理王福臣是从沈阳来到哈尔滨的饭店业行家，以“堂头”出身。可惜关于他的详细记载在历史上缺失，其生平情况不明。

▶ 1946 年 4 月 24 日《北光日报》刊载松江饭店广告

▼ 松江饭店

光复饭店：股东最多的奉派大饭店

光复饭店开业于 1946 年 4 月 20 日，地址在正阳八道街路南，位于一栋二层楼房内。由张俊臣、赵永省等三十余人合股开办，经理为张俊臣，有人员 30 人，是当时道外西傅家区最大的饭店之一。

光复饭店创办人兼大股东张俊臣和赵永省同属“奉派四大名厨”。两人不仅是合伙关系，还是亲戚关系，张俊臣是赵永省的姐夫。1936 年，赵永省到沈阳明湖春学徒便是经张俊臣介绍的。

赵永省（1920—1986），山东蓬莱人。1936 年，经姐夫张俊臣介绍，赵永省到沈阳明湖春饭店学徒 4 年，其师父是山东招远人李培林。1941 年，在沈阳丽华饭店工作 4 年，墩灶工作各半。1945 年到哈尔滨新世界上灶。1946 年 4 月，他与张俊臣等 30 余人合股开设光复饭店，赵永省出资 1 万元，公私合营定息 610 元。1956 年公私合营后，赵永省留店任私方经理。1959 年后调至新成立的龙江餐厅掌灶，1978 年曾短期调到三八饭店上灶，后回龙江餐厅。

1956 年，光复饭店参加公私合营，经理张俊臣被任命为西傅家区店副经理，赵永省任店私方经理。与此同时，许文骏、邓梅三等名厨也调到光复饭店。在同年举办的哈尔滨市公私合营商业饮食品优良品种展览会上，

▶ 光复饭店

干烧鳜鱼

光复饭店展出了山东海参、香蕉锅炸、干烧鳜鱼、炒面等名菜名点。在黑龙江省饮食业公司举办的全省风味菜肴展览及全省厨师技术经验交流会上，光复饭店展出了红烧甲鱼、鸡包鱼翅、佛手鱼翅、绣球燕菜、京包里脊、雪里金钱鸡、油淋鸡、砂锅鸡、生菜鸡、荷花鸡、香蕉锅炸、炒面等名菜点。这些菜品后来被收录进《烹调知识与食谱》一书。其中鸡包鱼翅、绣球燕菜是民国时期的名贵菜肴，由赵永省亲自烹制。

1966 年，光复饭店改名为光明饭店，此名一直沿用至 20 世纪 80 年代。20 世纪 80 年代初，光明饭店二楼改为旅社。1982 年停业。1984 年，原址曾作为道外服务局烹饪技术培训班的所在地。

《民声日报》1946 年 7 月 28 日刊载光复饭店广告

包辦南北酒席（喜壽‖宴會）
光復飯店
禮堂寬闊，美味適口，隨便小酌，招待殷勤
道外正陽八道街路南
二〇一五號

1947 年席设光复饭店的请柬

闔第光臨
奉慈命由安邦鞠躬
席設道外八道街光復飯店

1949 年 7 月 3 日《午报》刊载光复饭店广告

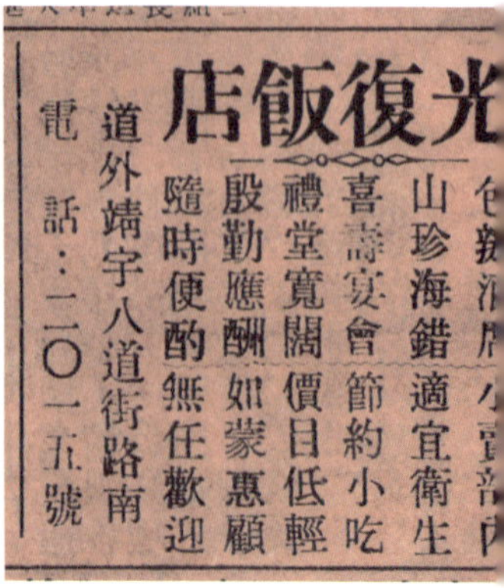

光復飯店
山珍海錯 適宜衛生
喜壽宴會 節約小吃
禮堂寬闊 價目低輕
殷勤應酬 如蒙惠顧
隨時便酌 無任歡迎
道外靖宇八道街路南
電話：二〇一五號

大世界饭店

大世界饭店于1947年开业，地址在中央大街1号（原万国储蓄会旧址），创办发起人赵子阳，经理腾鸿儒，有人员49人，是当时道里区人数最多的饭店之一，1949年因楼房另做他用而停业。

腾鸿儒，生于1916年，山东掖县人，1943年至1945年在新世界饭店做店员。1946年，经张俊臣介绍入股光复饭店。1946年12月受赵子阳聘请参与开办大世界饭店，任经理。1949年5月至1950年任恩成楼副经理。

▼ 20世纪40年代初大世界饭店所在的原万国储蓄会大楼，始建于1925年，20世纪30年代西餐名店“水上饭店”曾在此楼开办

▼ 腾鸿儒

中华饭店

中华饭店开业于1947年，地址在田地街40号，经理李石清，有人员43人。20世纪50年代初，中华饭店迁址道里马街16号（现东风街），原址为美国饭店旧址。

▼ 中华饭店

▼ 1950年2月16日《哈尔滨公报》刊载中华饭店广告

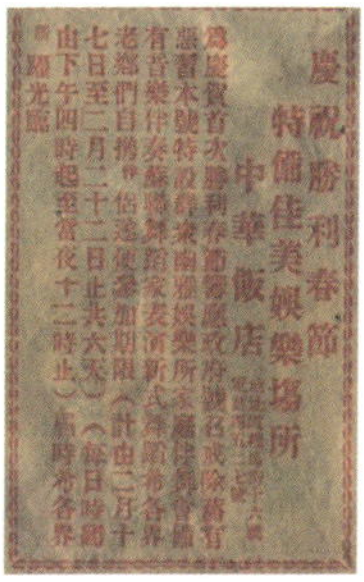

“老字号”的时代记忆

哈尔滨的国营饭店始于1954年，当年9月13日，哈尔滨第一家国营饭店——道外国营食堂正式对外营业。经过1956年公私合营的过渡，到20世纪60年代，哈尔滨的饮食业全面步入国营时代。至1979年，全市已有国营饭店和合作饭店近250家。道里区有松滨饭店、市场饭店、青年饭店、团结饭店、顾乡饭店、汉阳饭店，道外区有国营第一饭店、道外饭店、道外回民饭店、国华饭店、红光饭店、大桥饭店，南岗区有江南春饭店、市场饭店、庆丰饭店、清滨饭店、站前饭店，香坊区有香坊饭店、香庆饭店，太平区有三棵饭店、太平饭店、太平回民饭店……

经历过国营时代的哈尔滨人，对国营饭店都有一种怀旧之情，因为这是他们人生中的重要经历，很多味觉记忆也因此停留在那个年代，不时被勾起。

现今，哈尔滨人提起国营饭店，主要是20世纪七八十年代的记忆。其中，20世纪80年代堪称国营饭店的黄金时期。当时正值改革开放之初，私营饭店刚起步，国营饭店凭借体制优势，成为市场中坚，很多老字号也重新焕发出活力。20世纪90年代后，国营饭店逐渐衰落，最终退出历史舞台。

◀ 20世纪60年代道里青年饭店

◀ 20世纪80年代太平三棵饭店

国营第一食堂：哈尔滨第一家国营饭店

国营第一饭店开业于1954年9月13日，最初名为道外国营第一食堂，也称国营食堂。其前身为信托公司客商食堂，店址在景阳街168号。此地原为哈尔滨著名的"十楼一号"中的致美楼所在地。1949年致美楼迁址后，房子转卖给信托公司。1954年3月，信托公司派魏英杰、高健担任主任，开始筹建国营第一食堂，员工主要由原致美楼（当时已停业）的人员组成，并从社会上招聘了一部分其他饭店的师傅。

国营第一食堂最初是参照长春国营食堂模式创办的，也是哈尔滨首个遵循社会主义制度建立的饭店。饭店二楼南侧为中餐部，实行卡片制，顾客买卡后送餐到桌；二楼北侧为会餐部。楼下是外卖部、小吃部。在定价方面，国营第一食堂严格执行政府制定的物价政策，饭菜价格比私营饭店低。作为哈尔滨首家产权归国家所有并由国家经营的饭店，国营第一食堂的成立引起了巨大震动，产生了深远影响，预示着一个新时代的序幕正在缓缓开启。

▶ 20世纪80年代国营第一饭店

▼ 20世纪50年代初国营第一食堂

国营第一食堂在开业之初，名厨云集，技术力量雄厚，除了致美楼的名厨邓梅三、张耀庭、冷咏梅等人，还有其他饭店的名厨。这些人中不乏大师级的人物，如曾在宴宾楼、新华楼上过灶的徐世铭，在宴宾楼、恩成楼、华丰楼上过灶的刘祯祥，在汇海楼、国华饭店做白案的面点大师孟昭林等。还有厨师陈友三、切墩师傅李荫堂、冷荤师傅尤恒发、前堂服务员张克谨和汤宝裕。名厨带来了名菜，在1956年黑龙江省饮食公司举办菜肴风味展览中，国营第一食堂展出了由徐世铭、刘祯祥等人制作的红烧甲鱼、白酥里脊、白扒翅子、棉花鱼等15个名菜，占全省展出菜肴的38%。

作为哈尔滨第一家国营饭店，国营第一食堂具有重要的示范意义，也因此对外输送了很多技术骨干。1957年开业的松滨饭店，其首批人员就是从国营第一食堂分出来的。魏英杰出任松滨饭店首任经理，并带走了厨师徐世铭、尤恒发，服务员汤宝裕、黄学智，会计杨官杰等人。这些名厨中，只有刘祯祥一直在国营第一食堂工作至退休，1957—1973年连续被评为市劳动模范，曾被列入《哈尔滨市社会主义立功簿》。

1960年，国营第一食堂改称为国营第一饭店。1987年国营第一饭店改建为丁香大厦，哈尔滨历史上第一家国营饭店从此退出了历史舞台。

▼ 20世纪60年代 哈尔滨人在国营饭店就餐

■ 松滨饭店：公私合营后第一个开业的国营饭店

在道里区的国营饭店中，若论“国营血统”的纯正性，当属松滨饭店最为突出。与福泰楼、老都一处、华梅西餐厅等新中国成立前就已存在的老字号不同，松滨饭店诞生于 1956 年公私合营后的新时代，可谓根正苗红，充分体现了当时国营饮食业的体制优势。

松滨饭店于 1957 年 4 月 20 日开业，是哈尔滨饮食业公私合营后首家开业的国营饭店，地址位于道里区中央大街 71 号与西十二道街拐角处，首任经理为魏英杰。饭店设立之初分为中餐、南菜、西餐、便餐四个部门。二楼为中餐部和南菜部，一楼为西餐部。中餐部的名厨有徐世铭、郭永俊、邓梅三、尤恒发、姚振鳌，冷荤师傅朱登福，面案师傅候振远、徐文范；南菜部的厨师有周士硕、陈茂松；西餐部的厨师有张东盛、候柄坤、彭秉涵；点心制作师傅为王启昌；肉案师傅为刘明礼。

松滨饭店不论是在地理位置、店面环境、店内设施，还是人员配备方面，都堪称一流。直至 20 世纪 80 年代，它一直是道里区规模最大的国营饭店，也是唯一一家集中餐、西餐和南菜于一体的综合性饭店。

▼ 20 世纪 80 年的松滨饭店

▲ 干炸丸子

▲ 炒肉拉皮

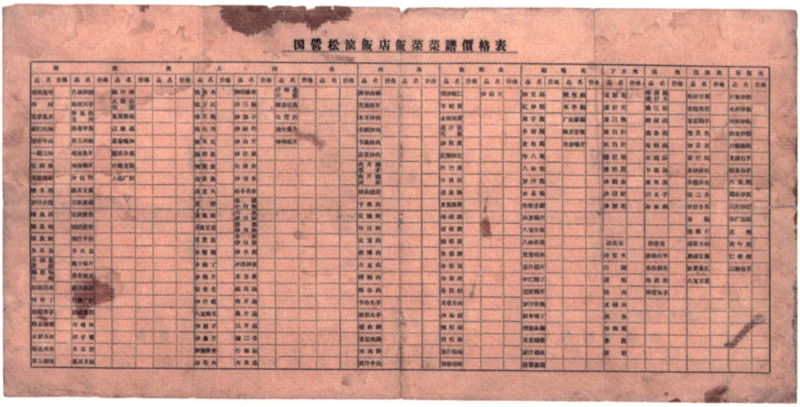

国营松滨饭店饭菜菜谱價格表

▲ 20 世纪 50 年代初松滨饭店菜谱

1957 年时，哈尔滨民国时期开办的大饭店基本上都已停业，剩下的几家也经历了公私合营或合并重组，如福泰楼、永安号等。当时大型饭店很少，市面上的中小型饭店主要供应一般的大众熘炒。而新开业的松滨饭店无论是经营面积，还是菜肴种类都是数一数二的。这张老菜谱真实记录了 20 世纪 50 年代初哈尔滨大型饭店的菜肴种类，不仅包括传统熘炒菜（如炒肉拉皮、酥白肉、樱桃肉、干炸丸子、烧肥肠等），还沿袭了历史一些大饭店的高档菜肴和名菜。例如鲁菜的干烧鱼、生菜大虾、香酥鸡、葱烧海参等，粤菜和淮扬菜的六味豆腐、游龙戏凤、红烧狮子头、眉毛三鲜等。

1957 年到 20 世纪 60 年代初，是松滨饭店最繁荣的时期。据记载，当时的松滨饭店设施高级，服务周到，饭菜品种丰富，操作精细认真，每天供应的菜肴达 130 多种。其中：鲁菜名味有葱烧海参、干烧鱼、生菜大虾、香酥鸡等，应时小炒有蘑菇炒肝、肉丁青椒、毛豆肉片、肚丝青椒等。松滨饭店即便售价五毛钱一盘的毛炒菜，也都出自名师之手。南菜部以周士硕的粤菜和陈茂松的淮扬菜为主。周士硕的六味豆腐、游龙戏凤，陈茂松的红烧狮子头、眉毛三鲜，都颇负盛誉。西餐部每日供应西餐菜肴40多个品种。张东盛的炭烤羊肉、铁扒里脊、猪排骨、羊腰窝等，都是正宗俄式大菜，风味十足。便餐小菜，经济实惠。早点方面，尤占春的炸果子，香酥胖大，个个金黄；自己用小立磨磨豆浆，500克黄豆出20碗豆浆，准确无误，浓淡适度，现吃现做，保持信誉。

松滨饭店的西餐也很有实力，西餐厨师也多是名厨。1960年，松滨饭店的西餐部被撤掉，人员并入华梅西餐厅。

1960年以后，松滨饭店开始出售高价饭菜，回笼资金。同时新老厨师发挥技术专长，粗粮细做，以素代荤。名厨徐世铭用江蛤做出普酥蛤蜊、南煎蛤蜊、番茄蛤蜊等很多创新品种。他做的虾籽烧白菜、海米烧白菜、烧油菜等，清淡且富有风味，很受欢迎。

1966年9月21日，松滨饭店改称国营第二饭店。1972年恢复松滨饭店老字号。

1978年后，松滨饭店开始复苏，几经改革调整，饭店的技术力量和经营面貌迅速改观，每天供应饭菜品种丰富多样，增添了鸡参包子、火锅涮羊肉及龙江珍品扒熊掌、清烹飞龙、汆飞龙等很多新的风味和名菜，重新焕发生机，迎来了其第二个繁荣期。

20世纪70年代末，松滨饭店已成为道里八大国营中心店之首，除了中餐部外，还有便餐部、松光南味馆、松春饭店、松茂饭店、松滨饮食商亭，全部职工有220多人。

1988年12月，松滨饭店引进洛阳水席，将便餐部重新装修，改为水席餐厅。

1990年10月，松滨饭店将水席餐厅改为海鲜餐厅，经营海鲜菜肴100余种，招牌菜有盐水鸡尾虾、盐卤黄花鱼、盐水赤贝壳、清蒸海螺、清蒸螃蟹等，颇受欢迎。

松滨饭店在度过了国营饭店的"黄金十年"后，于1994年停业。

江南春饭店：南岗第一家国营饭店

江南春饭店于1957年8月1日开业，地址在南岗区繁华的奋斗路和邮政街拐角处。此处原为1950年开业的中兴楼饭店。1957年，中兴楼扩建成二层建筑，设有中餐、湘菜、西餐、便餐、小吃和旅店等部。

第一任主任解宏声、徐家福。中餐部由徐世铭、李洪恩、李润堂等名师主厨。徐世铭是扒菜大师，李洪恩是“此地帮”高手，李润堂是唯一切墩的烹饪技师，墩灶兼能。

湘菜部特聘全国有名的长沙市名厨舒桂卿来哈尔滨协助建立湘菜餐厅并亲授湘菜技艺近一年。舒桂卿烹饪技术全面，对烧烤、拼盘、刀工、雕花、点心等，样样精通。他传授的玻璃鱿鱼、雪花海参、烧船拐肉、发菜如意卷、三鲜蛋卷、米粉蒸肉、大烤肉、古老肉等，都是正宗湘菜。西餐厨师有金佩先、杜永海、邱继武等，所做的罐焖牛肉、串烧羊肉、奶汁肉丝、铁扒小鸡等，深受顾客欢迎。

1966年9月21日，江南春改名为工农兵饭店。1973年7月重建，1977年竣工开业。新建筑为五层楼房，仍设饭店和旅店两部分。饭店一次可容纳700余名顾客就餐。

1981年，饭店进行了全面改造，贵宾餐厅、宴会餐厅，以及各餐厅内外均装饰一新。1982年，企业整顿工作顺利完成；1984年，企业改革得以实施。从1985年末到1986年初，饭店通过自筹资金、贷款及市商委的拨款共计27万元，对饭店再次进行了全面的装修改造。1987年，饭店调整了经营结构，将便餐部的熘炒餐厅改造为高级冷饮厅；江南酒家转型为粤菜餐厅；饺子部与日本企业合资，开设了新泻日本料理餐厅；百花园变更为快餐厅。通过这次调整，饭店实现了高中低档餐饮并存，南北风味兼顾的经营格局，既有高档的东北四珍，也有独特的日本风味，使得江南春饭店形成了一店多风味、各部均有特色的独特风格。

江南春饭店的中餐部是当时哈尔滨市饮食业十大风味之一——地方菜中心，由特一级烹调师张汝财和特一级宴会设计师赵辉领衔，经营的北方风味菜肴达300余种。名菜有蟹钳鸡茸猴头、京烧虎爪犴鼻、金甲长龙、鸳鸯珍珠玉掌、飞龙金丝蜇头、九转鳇鱼肚、珍珠罗汉虾、生烧鱼扇等 。这些菜肴具有鲜明的北方风味，汁浓味厚，红润光亮，鲜咸清爽，肥而不腻，营养丰富。

中餐部设在二楼，邮政街一侧是大餐厅，内有条桌、卡座，一次可容80 至 100 人就餐。奋斗路一侧设有高间，其中档次最高的是 1 号高间。该高间内设有宽敞的休息候餐区，地面铺着地毯，摆放着多组大沙发，墙上挂着字画条幅，整体氛围高雅幽静。从 1 号至 5 号餐厅，档次依次降低，共设有 12 个大圆桌，可容纳 120 人就餐。

◀ 李洪恩在江南春厨房

▼ 20 世纪 80 年代江南春饭店

三八饭店：全国第一家妇女饭店

三八饭店的历史可追溯到20世纪30年代。最初的地址在道外区南三道街64号，此地原是一家名为新记独一处的小饭店，经营熘炒菜，规模较小，仅有60平方米，设有5个小单间和8张方桌。1945年，该饭店改名为德发园饭店；1956年实行公私合营；1958年8月1日，在德发园旧址成立了全国第一家全部由女职工组成的国营饭店——三八饭店。三八饭店最初仅有10名女职工，号称“十姐妹”办饭店，她们分别是：刘纯真、孙丽、班翠霞、郭静云、栾桂华、王丽、张桂珍、袁竹梅、杨淑惠、张秀珍。开始的店面，名为岳阳楼。三八饭店经历了短暂的岳阳楼初创时期后，迅速扩大营业面积，并将店面迁至靖宇街386号。此后，来这里就业的妇女近百人，“妇女能顶半边天”在这里得到了最佳诠释。三八饭店曾一度成为哈尔滨最著名、最风光的饭店之一，这并非因其饭菜格外超群、精美，而是三八饭店有几个重要特质，备受人们青睐。

▼ 1960年在三八饭店用餐的顾客

20 世纪 80 年代
三八饭店

三八饭店首次出名是在 20 世纪五六十年代，因率先使用“哈尔滨研制的第一台饺子机”而闻名全国。此外，万能灶、和面机、升降机、切菜切肉机、刷碗机、空中滑行送菜机，均是三八饭店的亮点。当年的三八饭店宛如一个未来世界。饺子可通过机器包制，切菜、洗碗、送菜等环节也实现了机械化，这极具吸引力。因此，许多人正是冲着这一点前来就餐，三八饭店也由此被誉为“全国最早的一家全自动化饭店”。

为了配合三八饭店的技术革新，哈尔滨饮食机械厂应运而生。

有记载的三八饭店饮食机械设备有五十余种：万能灶、万能屉、切菜机、和面机、包饺子机、绞肉机、切肉机、和馅机、炸丸子机、捞饺子器、洗菜机、洗米机、打菜叶机、饭菜传送机、刷碗机、热气消毒器、洗杯器、刷碗槽、自动材料箱等，还有卫生设备如自动碗橱、食具箱、大勺防尘箱、菜刀防尘箱、菜墩箱等。

1960 年三八饭店饺子机

三八饭店不仅是技术革新的先锋，还培养出新中国成立后第一位女厨师班翠霞、特一级烹调师刘凤兰、一级烹调师孔淑琴、一级面点师曹秀英等女性餐饮人才。

1960 年，中央新闻纪录电影制片厂拍摄了纪录片《三八饭店》，记录下了这家饭店当年的红火景象。2006 年，中央电视台《重访》栏目播放了这部纪录片，并采访了当时很多老职工，留下了珍贵的影像资料。

进入 20 世纪 80 年代后，三八饭店于 1982 年在原有的二层楼上加建了三楼，使得建筑面积达到了 1200 平方米，餐位总数增至 350 个。饭店

▶
新中国成立后哈尔滨第一位女厨师班翠霞

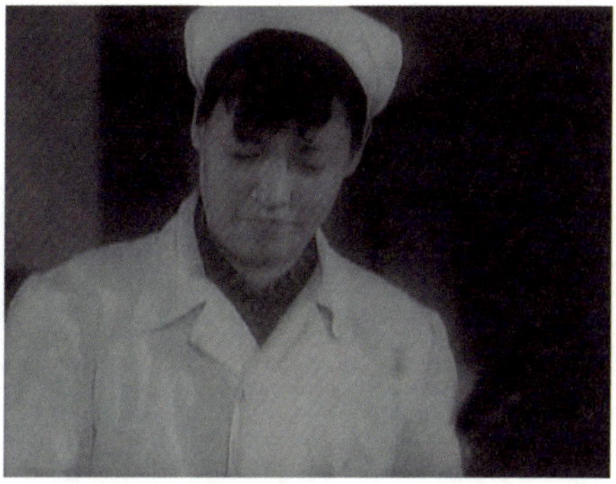

的经营格局被重新规划：一楼提供大众小吃；二楼主打中档熘炒菜品；三楼设有高档包间，专门经营京鲁菜系。当时，三八饭店与江南春、福泰楼并列为哈尔滨最高档的饭店，是全市饭店业的领头羊。1985年市商委再次拨款10万元装修二楼大餐厅，先后从四川省成都市请来川菜名师钟少奇、丁翔蓉、寥传志、寥加强等主厨，引进正宗川菜。1986年5月23日，二楼川菜餐厅正式营业，成为哈尔滨市饮食业川菜风味中心。三楼为中餐高间，设5个单间，放12张大圆桌，一次可容纳120人就餐。高间设备精美华丽，可以接待国内外宾客。后来，由于一墙之隔的老鼎丰冷饮店常常因人满为患而导致顾客无处落座，他们便手捧冰糕来到三八饭店享用。鉴于此情况，三八饭店于1988年6月决定将一楼改造为冷饮厅，专门销售冷饮品以及面包、点心等食品。

三八饭店的冷饮完全采用纯鲜奶和鸡蛋制作，没有任何添加剂，因口味纯正很快就得到了消费者的认可，在20世纪90年代着实红火了一阵子，并拥有了相对稳定的消费群体。而此时，二、三楼的餐饮部分却日渐衰退，最终于1995年全部停业。曾经辉煌的三八饭店变成了只经营冷饮的小店。

2006年10月，从1958年正式命名"三八饭店"算起，拥有48年历史的三八饭店正式停业。

地方风味改进创新

改革开放以来，哈尔滨的美食文化在快速发展的社会经济推动下，朝着快速、多样化的方向发展。国内外的美食在本地汇聚，人们的味蕾得以品尝到各种不同的风味。尽管丰富的滋味满足了人们的新鲜感和好奇心，但地方风味依然是哈尔滨人难以割舍的心头好。哈尔滨的餐饮从业者们紧跟时代潮流，在保留传统根基的前提下，从一道菜、一个品类的改良，到经营模式、观念的转变，再到跨界实现美食 + 文旅、美食 + 非遗、美食 + 博物馆等方面的融合，始终持续创新，紧跟时代的步伐，在中国餐饮市场的商海中奋勇前行。

▼ 铁锅炖鸡

铁锅炖出三江名鱼的不俗

素有“冰城”之称的哈尔滨，是中国位置最北、纬度最高、气温最低的省会城市。四季分明、冬季漫长是其自然生态的基本特征，赋予了这座城市独一无二的“寒冷”特色。民国初年，大量山东移民“闯关东”，齐鲁饮食文化习俗与龙江本土饮食习俗相互碰撞，形成了独特鲜明的地域饮食特色——用铁锅炖鸡、鹅、鱼、肉等，这便是起源于东北民间的铁锅炖。它以铸铁锅为器具，以木柴、燃气、电或木炭等为灶火，借鉴龙江农家菜的烹饪形式，选用龙江地产的鹅、鸡、鱼、肉类等为主料，以及各种渍菜、干菜、蔬菜等为配料，辅以各种调料进行炖制，常常是主食与菜品“一锅出”。

◀ 铁锅炖鱼

铁锅结实耐用，省柴且导热性能良好。在寒冷的东北地区，铁锅炖菜制作方便且利于保温，是人们烹饪食物的首选。东北地区物产丰富，无论是玉米、土豆还是鸡鸭鱼肉都可以用铁锅烹煮。原本用铁锅做菜是一种常见的烹饪方式，但近年来随着家庭人口数量减少，小家小户的用餐方式成为主流；加之住房条件的改善，居民搬入楼房后开始使用煤气和天然气，不再有条件支起炉灶、架上铁锅做菜。这种大铁锅炖菜方式逐渐不适应家庭需求，但吃炖菜仍是东北人生活中的一种情怀。于是，看准商机的人们便开始经营以“炖”菜为主的餐馆，“炖鱼”“炖大鹅”“东北炖菜”饭馆在本地纷纷涌现，并走向全国。一时间，“东北炖菜”在全国各地出现，备受瞩目，这也是很多人认为哈尔滨本地美食就是“炖”菜的一个重要原因。在众多炖菜中，最早广受欢迎的当属炖“三江名鱼”。

▼ 炖“胖头鱼”和鲶鱼，寓意为“连年有余”

▲ 铁锅炖大鹅

哈尔滨市场上的鱼馆最初多选址于临近松花江沿岸，江北江南都有分布，比较有名的鱼馆有老于头、龙华渔村、王庆章得莫利炖鱼、胖姐渔村、福成厚等 。

铁锅炖在哈尔滨并未局限于鱼这一单一食材，而是将其他食材放在一口锅里实现“乱炖”。这不仅丰富了菜品种类，还逐步使铁锅炖发展成为餐饮市场上的一个新赛道，是哈尔滨餐饮人的又一大贡献。如今，被人们所熟知的铁锅炖餐馆有关东大院、百一大地锅、山河屯铁锅炖、灶座等。

一到落雪时节，铁锅炖的香味便飘散在哈尔滨的大街小巷。不仅温暖了寒冷的冬日，也成为哈尔滨饮食文化的重要象征。

乡土滋味中最豪爽的杀猪菜

杀猪菜，名字听起来有些乡土气息，品尝起来却别有一番风味，它以脆爽的酸菜、肥而不腻的白肉、弹而不散的血肠，以及蕴含复合味道的热汤为核心，搭配着酱油蒜泥调制的蒜酱，让人能够大快朵颐，痛快饮酒，瞬间融入东北人豪爽率真的民俗之中。用一句话来形容就是：不做作、不扭捏，率真痛快、豪气无比，毫无违和感地成为彼此的贴心朋友。人们对杀猪菜的喜爱，大概便是源于这种能让本性中的率真自然流露，释放压抑情绪，彼此袒露胸怀、真诚相待的氛围吧。

▼ 杀猪菜

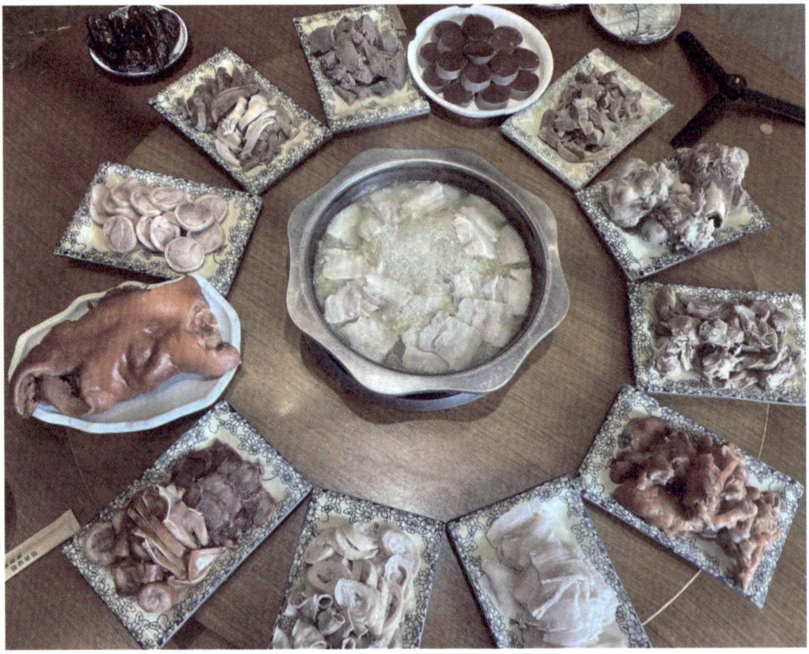

杀猪菜是发源于东北乡村的民间风味菜肴。这道美食源自早年间人们在临近年关时杀年猪吃肉的习俗。最初，这道美食是用猪肉、猪血、酸菜等食材制作的一种炖菜，后来人们在此基础上进行了改进和创新，杀猪菜逐渐演变成一系列菜品的统称。因此，东北人直观地将其称为杀猪菜。

烧烤是一把解事的万能钥匙

一直以来，哈尔滨人对烧烤的偏爱可谓至极。人们常说："没有什么事情是一顿烧烤解决不了的，如果一顿不行，那就两顿！"足见烧烤在哈尔滨市民心中的地位。哈尔滨的烧烤通常是指将分割成小块状的肉、鱼、鸡翅、蔬菜等，用钢签、铁签、木签穿成串，放在炭火烤炉上烤熟后食用。这些食材一般会先用盐等调料略微腌制，再边烤边撒辣椒面等调料，食客吃串时若感觉口味不足，还可蘸干粉调料，以满足自己的喜好。最初，哈尔滨的烧烤多为路边摊。一到夏日，哈尔滨的空气中便弥漫着烧烤的香味和烟火气，吸引着男女老幼前来品尝。临近傍晚，三五好友、家庭成员或同事聚集在烧烤摊前，围桌而坐，配上凉爽的啤酒，这便是哈尔滨人夏日最为惬意的生活方式，也是最放松、平常的生活状态。由于烧烤在哈尔滨的日常生活中过于"平常、自然和随意"，它一般不会出现在特别正式的宴请场合，而是作为正式会餐之后的环节，或与熟悉的朋友相约一起享用的选择，更注重加深友情或亲情，营造融洽温暖的氛围，给人满满的舒适感。正是这种宽松自在的特性，哈尔滨人很形象地把吃烧烤称为"撸串"。所以如果外地人来到哈尔滨，当地人对他说："走啊，带你撸串去！"那绝对是没把他当外人，而是把他视为最亲近的朋友或自己人了。

▼ 烤羊肉串

烤羊排

在哈尔滨，虽然吃烧烤的氛围较为随意，但烧烤的选材、调料、烤制手法以及经营策略却非常严谨和用心。毕竟，在烧烤店铺林立的哈尔滨闯出一番名堂绝非易事。

随着市容市貌整洁工程的推进，加之冬天较为寒冷，路边摊烧烤逐渐向堂食转变，烧烤也得以进入正规餐厅。在全国烧烤市场的激烈竞争下，哈尔滨的烧烤企业与时俱进，不断调整发展战略，实现科学化管理，努力提升自身实力。它们以各自的特色和优势占据着市场份额，也成为全国烧烤市场的有力竞争者。

无论是街边小巷还是露天庭院，烧烤总能以它独特的魅力吸引着无数食客。当夜幕降临，炭火燃起，食材在高温下滋滋作响，散发出诱人的香气。新鲜的肉串、蔬菜和海鲜被刷上一层油亮的酱汁，经过精准的火候掌控，外皮微焦而内里鲜嫩，每一口都充满了层次丰富的滋味。这种原始又直接的烹饪方式，不仅唤醒了人们的味蕾，更带来一种无与伦比的松弛感。围坐在烧烤摊旁，人们卸下一天的疲惫，沉浸在炭火带来的温暖氛围中。朋友间的欢声笑语伴随着食物的香气弥漫开来，那种亲近与舒适的体验让人倍感满足。烧烤的魅力，正是在于它能够用简单的方式，为每个人营造出一段轻松愉悦的时光。或许，这正是烧烤文化如此深入人心的原因——它不仅仅是一顿饭，更是一种情感的寄托和生活态度的表达。

锅包肉：现象级的东北菜顶流

人们对一座城市最直观的印象，往往是脱口而出的当地美食。例如北京烤鸭、重庆火锅、天津煎饼果子、贵州酸汤鱼、山西刀削面、陕西羊肉泡馍、哈尔滨锅包肉等等。2024 年 10 月 31 日，在快问快答“最好看、最好吃、最好玩”花样哈尔滨等你来打卡的宣传视频中，哈尔滨文旅向外地游客推介了来哈尔滨一定要品尝的三种美食：锅包肉、俄式西餐、铁锅炖。的确，来到哈尔滨的人们首先想到要品尝的便是锅包肉。锅包肉能够成为哈尔滨的城市味道菜，并跃升为东北第一名菜并非偶然，它与郑氏厨师家族四代人的不懈努力，以及哈尔滨市民的认可与支持密不可分。

锅包肉诞生于清末哈尔滨的道台府，当时在道台府任膳长的老厨家创始人郑兴文，将京鲁菜中咸鲜口味的焦炒肉片，结合俄国人喜爱的酸甜口味进行改良，创作出这道过油爆炒烹汁酸甜口味的菜肴，并取名为“锅包肉”。此后，经过第二代传人郑义林、第三代传人郑学章和第四代传人郑

▼ 锅包肉

▲ 玫瑰锅包肉

树国的继承与宣传推广，锅包肉传承至今，与哈尔滨这座城市共同走过了一百多年的历史。纵观其他城市的代表菜，确实没有像锅包肉这样与其所诞生和成长的城市的文化和气质如此契合的。

1911 年，郑兴文奉命来到奉天（今沈阳）主理“万国鼠疫研究会”的宴席，把锅包肉的做法改成加番茄酱熘汁烹制，后被沈阳人接受传承至今。这便是哈尔滨酸甜口味烹汁的锅包肉和沈阳加番茄酱熘汁的锅包肉的不同之处。

作为哈尔滨的美食代言，锅包肉更是频繁出现在哈尔滨市及黑龙江省其他地区的官方宣传片中，也出现在亚冬会宣传片的镜头中。

哈尔滨是锅包肉的发源地，而这道融合了中西方文化、具有“南北交融、中西合璧”特色的美食也，也已成为哈尔滨向世界展示自己的一张闪亮名片。如今，锅包肉不仅是黑龙江的代表菜，更是东北菜中的佼佼者，堪称东北菜的当家花旦。

“糖果 + 旅游 + 非遗”的跨界文化创意

糖果作为休闲食品，一直备受人们的喜爱。在哈尔滨人的记忆中，同记大罗香糖果工厂生产的“永年牌”小人糖，以及秋林公司生产的“酒芯糖”“大虾酥”等经典产品，都承载着美好的甜蜜记忆。随着人们生活水平的提高，追求低糖、少盐、低脂肪的生活品质，对糖果质量的要求也越来越高。而糖果也不再仅局限于小零食的领域，展现出了更大的市场需求和发展潜力。

从文化和旅游的层面来看，地域性食品是人们感知一个城市的温度、当地历史和文化的重要途径。因此围绕“美食名片”来提升城市吸引力，让地域美食或小吃成为区域旅游经济发展和文化传播的新途径，已经渐成人们的共识。

2024 年 10 月 16 日，哈尔滨文旅推送的“哈尔滨礼物”一段小视频中出现了一款全新的创意产品——“冰雪大世界梦幻之旅”巧克力。这款由哈尔滨超越食品有限公司推出的“冰雪大世界”巧克力系列产品，将文创设计和非遗技艺相结合，实现了“糖果 + 旅游 + 非遗”的跨界融合。

▼ 酒糖

▲ 冰雪大世界梦幻之旅巧克力

▶ 黑龙江礼物——超越牛轧糖

“冰雪大世界梦幻之旅”巧克力的创意设计以地域风情为基础，同时结合当下文旅市场发展趋势。一方面，以“爱上哈尔滨”为主题，将哈尔滨的冰雪文化与冰雪旅游元素融入产品包装设计，以 1999 年至 2023 年的冰雪大世界主冰塔为主线，生动展现冰雪乐园的独特魅力与文化内涵；另一方面，以“北国好风光，美在黑龙江”为主题，选取黑龙江省十三个地市具有的标志性符号作为包装图案，生动展现黑龙江的自然和人文特色。凭借创意包装和独特的老味道，“冰雪大世界梦幻之旅”巧克力在黑龙江省特色旅游商品暨第二届黑龙江礼物选拔大赛上荣获铜奖，成功入选“黑龙江礼物”，与“超越牛轧糖”一同进入亚冬会指定商品销售区。

美食联手博物馆的共生共荣

哈尔滨啤酒博物馆：百年啤酒文化的沉浸式体验

哈尔滨市的几家具有代表性的饮食类博物馆，以各自的优势宣传着哈尔滨，持续为彰显城市特色、提升其知名度、扩大影响力和美誉度发挥着积极作用。

哈尔滨啤酒博物馆位于哈尔滨市平房区哈啤路 9 号，于 2014 年 9 月 20 日正式对外开放，占地总面积达 6258 平方米，现为国家 4A 级景区。哈尔滨啤酒博物馆是目前国内规模最大的啤酒博物馆，馆内采用创新高科技和多媒体互动装置，通过复古还原、多感体验、图文结合的展示方式，

▲ 哈尔滨啤酒博物馆外景

▲ 哈尔滨啤酒博物馆内景

直观地呈现哈尔滨啤酒的百年历程和历史发展轨迹。在这里，游客不仅可以了解啤酒的起源与中国啤酒文化，还能深入探索哈啤的悠久历史等。

博物馆共分为三层：第一层为历史展区和购物中心，高度复原了1900年的哈尔滨啤酒厂，揭示了哈尔滨啤酒从诞生至今始终保持纯正品质的奥秘，购物中心主要销售各类与哈啤相关的纪念品；第二层主要是娱乐区，通过4D影院、醉酒小屋等多元化的游戏形式，让游客与“啤酒”进行互动，探索啤酒的奥秘；第三层是开放式酒吧，游客可以尽情品尝多种不同口感的新鲜哈尔滨啤酒，感受最纯正的畅爽体验。

哈埠菜历史收藏馆: 百年饮食文化的缩影

哈埠菜历史收藏馆位于哈尔滨市道里区尚志大街拾楼壹号三楼，于2023年11月28日正式对外开放。在200多平方米的展厅内，通过真品实物展区和饭店街场景复原的形式，全景式地展现了哈尔滨饮食业中西兼容的百年历史。展馆有五个分区，陈列着老饭店牌匾、照片、票证、广告、菜谱、饮食器具等上千件记录哈埠菜百年变迁的城市历史文物。

在这里，能够看到哈尔滨最早的中餐饭店“福德园”“老张包铺”的历史遗迹。此外，馆内还展出了哈尔滨中、西餐饭店的印刷版菜谱，如1920年的“王家馆”菜谱和米尼阿久尔餐厅菜谱、1930年的马迭尔饭店菜谱，以及1941年在哈尔滨举办的第一届美食烹饪大赛获奖饭店人员的合影。特别的是，馆内还收藏了新中国成立后黑龙江出版的第一本菜谱《烹调知识与食谱》。这些资料作为研究哈埠菜历史和哈尔滨城市文化史的原始史料，具有很高的学术价值。

拾楼壹号在一楼和二楼开设了复原哈埠菜餐厅，这里有恩成楼的溜三样、溜肉段；福泰楼的干烧鳜鱼、鸡丝蜇头；华丰楼的爪尖烩海参、砂锅全鱼；兴滨楼的干炸丸子、鸭丁腐皮羹；新华楼的扒三白、烧二冬；致美楼的香蕉锅炸、油泼鸡；泰华楼的三鲜蛎黄蛋、糟溜鱼片；春华楼的浮油鸡片、山东酥肉；鸿升楼的家烧黄花鱼；宴宾楼的油爆双脆、白扒鱼翅；永安号的水晶肘子、扒五花肉等。在这里，食客通过“吃美食、品文化”的独特体验，满足味蕾享受的同时也让精神得到滋养。

В.Н.Котельниковъ
Джалинда
福德園
泰華樓
МУЗЕЙ ИСТОРИЧЕСКОЙ
ЦЕННОСТИ ХАРБИНСКОЙ ЕДЫ
哈埠菜历史收藏馆
老哈尔滨的黄金食代
松北飯店
哈埠菜历史收藏馆
5.18世界博物馆日
Visitors are welcome

▲ 哈埠菜历史收藏馆藏品

滨江宫膳博物馆：道台府饮食文化与老厨家的四代传承

滨江官膳博物馆位于老厨家旗舰店（中央大街西三道街 27 － 3）的文化长廊内，于 2024 年 4 月 28 日正式对外开放。博物馆依托哈尔滨城市文化，顺应饮食文化发展规律，以老厨家四代厨人为历史主线，串联起哈尔滨饮食文化发展的历史脉络，清晰地展现出哈尔滨饮食文化“中西合璧、南北交融”的开放、包容特色。中央大街是哈尔滨市著名的文旅商业街，是目前亚洲最长的步行街。它始建于 1898 年，最初被称为“中国大街”，1925 年改称为沿用至今的“中央大街”。在这里，老哈尔滨的独特建筑文化以及哈尔滨人的丰富多元生活均有所体现。

博物馆通过“老厨家”这一百年品牌的发展历程，讲述了中国餐饮业中民营企业的发展历史。馆内以文物、典籍、图文陈列和场景复原的方式进行布展，参观者能够了解“滨江官膳”的起源、演变、发展以及“哈埠菜”形成的历史。在这里可以看到多个不同时期的场景复原，如中西合璧的“道台府膳房”、老厨家前身“真味居”以及 1922 年“老厨家”中央大街门面等。这些复原场景中陈列着当时的饮食器具、牌匾、对联等，帮

▼ 哈埠第一张旋转餐桌

助参观者了解当时的历史文化、人们的生活习惯及审美情趣。馆内典藏的1000多件饮食器具丰富全面，包括烹饪器具、餐具、各种酒器、茶具等，还有极具地域特色的书籍、手稿、菜谱等展品。

博物馆橱窗展示着“老厨家”牌匾和“楼头天尺五”木对联，这些展品蕴含着历史的沧桑，体现了“郑氏四代厨人”坚韧不屈、不断进取的精神。橱窗里还有郑氏四代厨人记录的菜肴笔记。这些内容不仅是家族厨艺的传承，也成为研究中国传统烹饪的宝贵资料。

博物馆中央陈列着“哈埠第一张旋转餐桌”，这是1910年哈尔滨暴发鼠疫期间，由抗疫医学博士伍连德和道台府膳长郑兴文共同发明的。这张转桌从哈尔滨道台府诞生，逐渐成为中餐的重要设备，在落地中央大街后推广至全国。

馆内还展陈着“老厨家油炸冰棍”移动式炉灶。这是老厨家第二代传人郑义林当年根据“油炸冰棍”这道美食“快炸、快吃”的特点，为方便客人食

▼“老厨家油炸冰棍”移动式炉灶

▼“油炸冰棍

▲ 博物馆 1:1 复制的“中东铁路的豪华餐车”

用而发明并使用的设备。郑义林正是这道菜的发明者，而这段传奇故事也被写进了电视剧《闯关东》的剧情中。

更为精彩的是，博物馆按 1:1 比例复制了“中东铁路的豪华餐车”，引领用餐的食客进入 121 年前中东铁路的“时光隧道”。为营造氛围，博物馆还增设了“凭票进入车厢用餐”的环节，并且每 30 分钟列车会鸣笛一次，让人们沉浸式地感受在中东铁路上用餐的独特经历体验。

以博物馆为中心，文化长廊划分出“会华官厅”和“会洋官厅”两大餐饮区域，分别依据中式和俄式建筑风格予以装修，旨在重现哈尔滨的多元文化风貌。包房和卡座为人们供应以锅包肉为代表的“哈尔滨味道”菜肴。在菜品展示区，不仅有经典菜的图片，还配有菜品背后的故事介绍。

从博物馆到文化长廊，从食材到每一道出品的菜肴，老厨家在每一个细节上都用心至极。这份情怀感染并温暖着每一位前来品尝美食、体验“博物馆 + 美食”之旅的客人。

作为龙江老字号、非遗保护单位以及全国餐饮类非物质文化遗产保护和传承示范基地，老厨家始终践行着“让文化遗产活起来”的理念，始终

▲ 滨江官膳博物馆

是“讲好哈尔滨故事”的宣传平台。滨江官膳博物馆不仅是黑龙江省内极具特色的饮食文化博物馆，其兼具知识性、趣味性和参与性的文旅及研学功能，也使其成为中央大街多维度展示哈尔滨城市文化的热门打卡地。

哈尔滨老工业博物馆：工业遗产与美食文化的交融之地

哈尔滨老工业博物馆位于哈尔滨市南岗区哈西南兴街 6 号“上墅院庭院烧烤”店内，是工业遗产再利用的典型案例，于 2024 年 10 月 1 日国庆节当天开馆。馆址为哈尔滨原制氧机厂的车间厂房，在两千平方米的空间内，通过巧妙的创意设计，将哈尔滨百年工业历史与海鲜烧烤文化相融合，旨在“致敬百年工业历史，传承百年餐饮文化”。

馆内陈列着机床、铁轨、墙砖、壁炉门、地图、图纸、奖章、奖状、图书等近万件物品，按照哈尔滨工业发展的历程及重点工业项目分为四个区域。每个区域内又自然地将卡座餐桌和包房融入其中，相互映衬，浑然天成。

UPPER VILLA
GARDEN BBQ

◀ 哈尔滨老工业博物馆内景

◀ 上墅院庭院烧烤

▲ 哈尔滨老工业博物馆外景

一楼的两个区域分别以“缘起·中东铁路”和“满誉·哈尔滨工业”为主题，通过16幅地图、中东铁路1903年车辆厂的建筑图纸、中东铁路时期的红砖、中东铁路货运单、车票、哈西杨马架子的平面总规划图、哈尔滨原制氧机厂的总平面图等丰富的展陈内容，向人们展现哈尔滨老工业基地的厚重历史。几台带有岁月痕迹的大型老机器，记录着哈尔滨作为“共和国长子”曾经的荣耀与辉煌。

二楼的主题分别为“挺起·工业之城”和“交融·中西文化”，以突出三大动力为重点，通过奖状、奖章、茶杯、茶具、厂志、工作证、样品手册等展品的陈列，使人们了解哈尔滨电机厂、哈尔滨汽轮机厂和哈尔滨锅炉厂在中国工业发展史中的地位与作用。

▲ 欧洲鎏金落地钟表

二楼最精美的一件展品是中东铁路时期的欧洲鎏金落地钟表，其采用德国赫姆勒的机芯，外壳由镶嵌贴皮工艺和水晶玻璃精心打造而成，大气且精致，该落地钟表目前仍能正常运行。

来这里参观的人们不仅可以欣赏这些珍贵展品，还可以品尝店家精心准备的海鲜烧烤及中餐炒菜，上百种烤串和菜品能够满足人们不同的口味需求。“百年哈尔滨工业史，城市餐饮新名片”，使人们获得精神和物质的双重享受。

哈尔滨的餐饮食品业必将全面开启一个文化与经济共荣的新时代。